同济博士论丛
TONGJI Dissertation Series

总主编 伍 江 副总主编 雷星晖

刘 洋 陈志华 著

关于全纯映射
的若干问题

On Some Problems of
Holomorphic Mapping

同济大学 出版社
TONGJI UNIVERSITY PRESS

内 容 提 要

本书主要研究$\mathbb{C}^n$中有界域上逆紧全纯映射理论中的相关论题，$\mathbb{C}^n$中单位球上全纯函数的 Schwarz-Pick 估计和非精致 Kähler 流形上的全纯 Lefschetz 不动点形式问题，涉及逆紧全纯映射的刚性理论以及分类、非紧张双曲 Kähler 流形的全纯 Lefschetz 不动点形式等。

本书适合数学及相关专业的专业人士作为参考用，也可供对此有兴趣的人士参考。

图书在版编目(CIP)数据

关于全纯映射的若干问题 / 刘洋，陈志华著. —上海：同济大学出版社，2018.9
（同济博士论丛/伍江总主编）
ISBN 978 - 7 - 5608 - 7266 - 7

Ⅰ. ①关… Ⅱ. ①刘…②陈… Ⅲ. ①全纯映射—研究 Ⅳ. ①O174.52

中国版本图书馆 CIP 数据核字(2017)第 190037 号

关于全纯映射的若干问题

刘　洋　陈志华　著

出 品 人　华春荣　　责任编辑　张　莉　熊磊丽
责任校对　谢卫奋　　封面设计　陈益平

出版发行　同济大学出版社　　www.tongjipress.com.cn
　　　　　（地址：上海市四平路 1239 号　邮编：200092　电话：021 - 65985622）
经　　销　全国各地新华书店
排版制作　南京展望文化发展有限公司
印　　刷　浙江广育爱多印务有限公司
开　　本　787 mm×1092 mm　1/16
印　　张　8.75
字　　数　175000
版　　次　2018 年 9 月第 1 版　　2018 年 9 月第 1 次印刷
书　　号　ISBN 978 - 7 - 5608 - 7266 - 7

定　　价　45.00 元

"同济博士论丛"编写领导小组

"同济博士论丛"编辑委员会

袁万城　莫天伟　夏四清　顾　明　顾祥林　钱梦騄

徐　政　徐　鉴　徐立鸿　徐亚伟　凌建明　高乃云

郭忠印　唐子来　闾耀保　黄一如　黄宏伟　黄茂松

戚正武　彭正龙　葛耀君　董德存　蒋昌俊　韩传峰

童小华　曾国荪　楼梦麟　路秉杰　蔡永洁　蔡克峰

薛　雷　霍佳震

秘书组成员：谢永生　赵泽毓　熊磊丽　胡晗欣　卢元姗　蒋卓文

总 序

在同济大学110周年华诞之际,喜闻"同济博士论丛"将正式出版发行,倍感欣慰。记得在100周年校庆时,我曾以《百年同济,大学对社会的承诺》为题作了演讲,如今看到付梓的"同济博士论丛",我想这就是大学对社会承诺的一种体现。这110部学术著作不仅包含了同济大学近10年100多位优秀博士研究生的学术科研成果,也展现了同济大学围绕国家战略开展学科建设、发展自我特色,向建设世界一流大学的目标迈出的坚实步伐。

坐落于东海之滨的同济大学,历经110年历史风云,承古续今、汇聚东西,秉持"与祖国同行、以科教济世"的理念,发扬自强不息、追求卓越的精神,在复兴中华的征程中同舟共济、砥砺前行,谱写了一幅幅辉煌壮美的篇章。创校至今,同济大学培养了数十万工作在祖国各条战线上的人才,包括人们常提到的贝时璋、李国豪、裘法祖、吴孟超等一批著名教授。正是这些专家学者培养了一代又一代的博士研究生,薪火相传,将同济大学的科学研究和学科建设一步步推向高峰。

大学有其社会责任,她的社会责任就是融入国家的创新体系之中,成为国家创新战略的实践者。党的十八大以来,以习近平同志为核心的党中央高度重视科技创新,对实施创新驱动发展战略作出一系列重大决策部署。党的十八届五中全会把创新发展作为五大发展理念之首,强调创新是引领发展的第一动力,要求充分发挥科技创新在全面创新中的引领作用。要把创新驱动发展作为国家的优先战略,以科技创新为核心带动全面创新,以体制机制改革激发创新活力,以高效率的创新体系支撑高水平的创新型国家建设。作为人才培养和科技创新的重要平台,大学是国家创新体系的重要组成部分。同济大学理当围绕国家战略目标的实现,作出更大的贡献。

大学的根本任务是培养人才,同济大学走出了一条特色鲜明的道路。无论是本科教育、研究生教育,还是这些年摸索总结出的导师制、人才培养特区,"卓越人才培养"的做法取得了很好的成绩。聚焦创新驱动转型发展战略,同济大学推进科研管理体系改革和重大科研基地平台建设。以贯穿人才培养全过程的一流创新创业教育助力创新驱动发展战略,实现创新创业教育的全覆盖,培养具有一流创新力、组织力和行动力的卓越人才。"同济博士论丛"的出版不仅是对同济大学人才培养成果的集中展示,更将进一步推动同济大学围绕国家战略开展学科建设、发展自我特色、明确大学定位、培养创新人才。

面对新形势、新任务、新挑战,我们必须增强忧患意识,扎根中国大地,朝着建设世界一流大学的目标,深化改革,勠力前行!

万　钢

2017 年 5 月

论丛前言

　　承古续今,汇聚东西,百年同济秉持"与祖国同行、以科教济世"的理念,注重人才培养、科学研究、社会服务、文化传承创新和国际合作交流,自强不息,追求卓越。特别是近 20 年来,同济大学坚持把论文写在祖国的大地上,各学科都培养了一大批博士优秀人才,发表了数以千计的学术研究论文。这些论文不但反映了同济大学培养人才能力和学术研究的水平,而且也促进了学科的发展和国家的建设。多年来,我一直希望能有机会将我们同济大学的优秀博士论文集中整理,分类出版,让更多的读者获得分享。值此同济大学 110 周年校庆之际,在学校的支持下,"同济博士论丛"得以顺利出版。

　　"同济博士论丛"的出版组织工作启动于 2016 年 9 月,计划在同济大学 110 周年校庆之际出版 110 部同济大学的优秀博士论文。我们在数千篇博士论文中,聚焦于 2005—2016 年十多年间的优秀博士学位论文 430 余篇,经各院系征询,导师和博士积极响应并同意,遴选出近 170 篇,涵盖了同济的大部分学科:土木工程、城乡规划学(含建筑、风景园林)、海洋科学、交通运输工程、车辆工程、环境科学与工程、数学、材料工程、测绘科学与工程、机械工程、计算机科学与技术、医学、工程管理、哲学等。作为"同济博士论丛"出版工程的开端,在校庆之际首批集中出版 110 余部,其余也将陆续出版。

　　博士学位论文是反映博士研究生培养质量的重要方面。同济大学一直将立德树人作为根本任务,把培养高素质人才摆在首位,认真探索全面提高博士研究生质量的有效途径和机制。因此,"同济博士论丛"的出版集中展示同济大学博士研究生培养与科研成果,体现对同济大学学术文化的传承。

"同济博士论丛"作为重要的科研文献资源,系统、全面、具体地反映了同济大学各学科专业前沿领域的科研成果和发展状况。它的出版是扩大传播同济科研成果和学术影响力的重要途径。博士论文的研究对象中不少是"国家自然科学基金"等科研基金资助的项目,具有明确的创新性和学术性,具有极高的学术价值,对我国的经济、文化、社会发展具有一定的理论和实践指导意义。

"同济博士论丛"的出版,将会调动同济广大科研人员的积极性,促进多学科学术交流、加速人才的发掘和人才的成长,有助于提高同济在国内外的竞争力,为实现同济大学扎根中国大地,建设世界一流大学的目标愿景做好基础性工作。

虽然同济已经发展成为一所特色鲜明、具有国际影响力的综合性、研究型大学,但与世界一流大学之间仍然存在着一定差距。"同济博士论丛"所反映的学术水平需要不断提高,同时在很短的时间内编辑出版110余部著作,必然存在一些不足之处,恳请广大学者,特别是有关专家提出批评,为提高同济人才培养质量和同济的学科建设提供宝贵意见。

最后感谢研究生院、出版社以及各院系的协作与支持。希望"同济博士论丛"能持续出版,并借助新媒体以电子书、知识库等多种方式呈现,以期成为展现同济学术成果、服务社会的一个可持续的出版品牌。为继续扎根中国大地,培育卓越英才,建设世界一流大学服务。

伍 江

2017 年 5 月

前　言

　　本书主要研究$\mathbb{C}^n$中有界域上逆紧全纯映射理论中的几个论题以及$\mathbb{C}^n$中单位球上全纯函数的 Schwarz-Pick 估计和非紧致 Kähler 流形上的全纯 Lefschetz 不动点形式,涉及逆紧全纯映射的刚性理论以及分类、非紧致双曲 Kähler 流形上的全纯 Lefschetz 不动点形式等. 全文共分五章.

　　第 1 章概述了$\mathbb{C}^n$中有界域上逆紧全纯映射领域的基本概念和工具,其各个研究子课题及其历史发展背景与研究进展现状.

　　第 2 章详细地综述了$\mathbb{C}^n$中特殊的 Reinhardt 域(式(2-1-1))上逆紧全纯映射的一些性质. 主要介绍了蛋型域(式(2-1-5))之间和特殊 Hartogs 三角形(式(2-1-1))之间的逆紧全纯映射已有的一些结果,包括$\mathbb{C}^n$中蛋型域之间逆紧全纯映射的存在性条件;蛋型域全纯自同构群的显式表示;$\mathbb{C}^{n+m}$中特殊 Hartogs 三角形之间的逆紧全纯映射的刚性定理及其全纯自同构群的显示表示,以及更广义的$\mathbb{C}^{n+m}$中特殊 Hartogs 三角形之间的逆紧全纯映射的分类情况.

　　在第 2 章 2.3 部分,我们将 Reinhardt 域上逆紧全纯映射的一些性质推广到了特殊圆型域(式(2-3-1))上. 利用$\mathbb{C}^n$中特殊的圆型域-极小球(定义 2.3.2),我们构造了 $\mathbb{C}^{n+m}$ 中的特殊 Hartogs 三角形.从定义 2.1.2 可以知道,这是一个圆型域.对于此类域的分析本书还是具有开创性的.通过对其边界分析,得到了其上逆紧全纯映射的刚性定理和分类(定理 2.3.2).

第 2 章介绍的是关于等维数蛋型域和 Hartogs 三角形之间逆紧全纯映射的性质,但是对于不等维的蛋型域和 Hartogs 三角形之间逆紧全纯映射的研究似乎还无人问津.韩静在她的博士论文中将其作为一个开放问题提出.

第 3 章主要介绍我们在上述问题上一些新的结果,主要包括研究 $\mathbb{C}^n$ 中的蛋型域到 $\mathbb{C}^N$ 中的蛋型域之间逆紧全纯映射存在性的充分必要条件(定理 3.3.2)和 $\mathbb{C}^{n+m}$ 中的特殊 Hartogs 三角形到 $\mathbb{C}^{N+M}$ 中的特殊 Hartogs 三角形之间逆紧全纯映射的存在性问题(定理 3.3.3)和分类问题(定理 3.2.1).从这些定理可以看到,文献[82]的定理 1,文献[18]的定理 3.3.1 分别是定理 3.3.2、定理 3.3.3 当映射左、右两边维数相等时的特殊情况.因此,我们的工作是对他们定理的推广.

Schwarz-Pick 估计一直是单复变中的一个经典问题,本书第 4 章首先在第 4 章 4.1 部分介绍了当前关于 $\mathbb{C}$ 中单位圆盘上的有界全纯函数和具有正实部的全纯函数高阶导数的 Schwarz-Pick 估计的最新结果(定理 4.1.1、定理 4.1.2).人们很自然地想到既然在单位圆盘上有如此经典的估计,高维的情况是否也有相应的性质?然而 $\mathbb{C}^n$ 中单位球 $\mathbb{B}_n$ 上此类结果并不多见.在文献[13]中,作者给出了 $\mathbb{C}^n$ 中单位球 $\mathbb{B}_n$ 上 Schur-Agler 类函数的任意阶导数的估计,这里的 Schur-Agler 类函数只是有界全纯函数的一小部分满足特定条件的集合.在第 4 章 4.2 部分我们给出了 $\mathbb{C}^n$ 中单位球 $\mathbb{B}_n$ 上有界全纯函数高阶导数的 Schwarz-Pick 估计,并且给出了相关的详细证明.而且从定理 4.2.1 可以看出,当 $n =$

1 时,定理 4.2.1 可以诱导出文献[24]关于单位圆盘的 Schwarz-Pick 估计定理4.1.1.值得一提的是,我们在第 4 章 4.2 部分引理 4.2.1 所给出的估计是一个最佳估计,并且我们给出了相应的例子说明这一估计的精确性.

Bergman 核函数的研究一直是国际上的一个热点问题,比如说国际上著名的陆启铿猜想就是关于 Bergman 核函数的零点问题.第 5 章我们首先给出了 Bergman 核函数的一些基础知识,包括 Bergman 核函数的定义,有界域上 Bergman 核函数的简单性质,流行上的 Bergman 度量的基本定义和性质.1926 年,Lefschetz 发现了他著名的不动点形式,后来,Donnelly 和 Fefferman[25]将其不动点形式和著名的 Bergman 核形式相结合在 $\mathbb{C}^n$ 中的强拟凸域上发现了一个有趣的不动点形式(定理 5.2.1).他们主要利用热核的方法,运用 Bergman 度量的边界几何性质得出这一形式,但是这一性质似乎对更为一般的有界区域并不适用.因此运用不同的方法推广定理 5.2.1 显得非常有意义.在第 5 章 5.2 部分运用 Hörmander 的 L^2 理论和 Kerzman 的 Bergman 核表示原理将定理 5.2.1 推广到某些完备的 Kähler 流形上去.利用得到的结论,甚至可以计算一些非常复杂的积分问题,因此,我们所给出的结论具有应用价值.

目　录

第1章

逆紧全纯映射的基础知识

1.1 基 本 概 念

定义 1.1.1 两个拓扑空间 X 和 Y 之间的连续映射 $f: X \to Y$ 称为是逆紧的(proper),如果对 Y 中的任意紧子集 K,$f^{-1}(K)$ 也是 X 的一个紧子集.

对复空间之间逆紧映射的研究起源于五六十年代 Stein 和 Remmert 的工作[97]. 如果 X 和 Y 是复空间,而且 $f: X \to Y$ 是逆紧全纯映射,则对任意 $y \in Y$,$f^{-1}(y)$ 都是 X 的紧子簇.

如果 X 和 Y 都是 Stein 空间,$S \subset X$ 是 X 的 k 维不可约复子簇,则 $f(S)$ 是 Y 的 k 维不可约复子簇. 此外,存在一个无处稠密的子簇 V 真包含于 $f(S)$,使得 $f(S) \backslash V$ 和 $S \backslash f^{-1}(V)$ 都是复流形,而且限制映射

$$f: S \backslash f^{-1}(V) \to f(S) \backslash V$$

是一个有限层全纯覆盖射影.

设 D_1 和 D_2 分别是 $\mathbb{C}^n$ 和 $\mathbb{C}^N$ 中的有界域,此时 $f: D_1 \to D_2$ 是逆紧的等价于:如果序列 $\{p_i\}$ 在 D_1 中不收敛,则 $\{f(p_i)\}$ 在 D_2 中也不收敛. 换言之,

f 是逆紧的当且仅当对满足

$$\lim_{i \to \infty} \text{dist}(z_i, \partial D_1) = 0$$

的点列 $\{z_i\} \subset D_1$，有

$$\lim_{i \to \infty} \text{dist}(f(z_i), \partial D_2) = 0,$$

其中，$\text{dist}(z, \partial D)$ 表示点 z 到 ∂D 的距离. 因此，如果逆紧全纯映射 $f:$ $D_1 \to D_2$ 是连续到边界的，则必定有 $f(\partial D_1) \subset \partial D_2$，而且 f 在 ∂D_1 上满足切向 C-R 方程. 这样，逆紧映射自然导致关于保持边界对应之映射的几何理论.

Rudin 的文献[118]的第 15 章对 $\mathbb{C}^n$ 中有界域上的逆紧全纯映射作过专门介绍. 对 $D_1 \subset \mathbb{C}^n$，$D_2 \subset \mathbb{C}^N$，设 $n = N$，逆紧全纯映射 $f: D_1 \to D_2$ 的 Jacobi 矩阵和 Jacobi 行列式分别记为

$$J_f = \left(\frac{\partial f_i}{\partial z_j} \right), \quad \det(J_f).$$

f 的分支轨迹记为

$$V_f = \{ z \in D_1 : \det(J_f(z)) = 0 \}.$$

根据隐函数定理易知，若 $z_0 \in D_1 \backslash V_f$，则 f 在 z_0 的一个小邻域内是局部微分同胚[96]. 特别地，若 $V_f = \varnothing$，则 f 是一个覆盖映射，若 D_2 还是单连通的，则 f 是双全纯的[107]. f 具有如下性质：

(1) 对任意 $w \in D_2$，$f^{-1}(w)$ 是 D_1 的有限子集(此时，逆紧映射又以有限映射著称).

(2) f 是一个闭(开)映射.

(3) 在任意 $z_0 \in V_f$ 附近，f 都不是局部单射的.

(4) $f(V_f)$ 是 D_2 的复子簇，称为 f 的临界值集.

（5）f 是满射,而且 $D_2 \backslash f(V_f)$ 是 D_2 的连通稠密开子集,称为 f 的正则值集.

（6）存在一个整数 m,使得对任意 $w \in D_2 \backslash f(V_f)$,$f^{-1}(w)$ 中恰好有 m 个点,对任意 $w \in f(V_f)$,$f^{-1}(w)$ 中的点少于 m 个,m 称为 f 的重数. 于是,限制映射

$$f: D_1 \backslash f^{-1}(f(V_f)) \to D_2 \backslash f(V_f)$$

是一个不分支的 m 重覆盖映射.

由于域的拟凸性是一种甚至可以数量化的边界微分几何性质,所以,逆紧映射的保持边界特性使得人们可以借助几何直观研究其逆紧全纯映射.

设 $D \subset \mathbb{C}^n$ 是光滑有界拟凸域,r 是 D 的定义函数,即 r 是 $\mathbb{C}^n$ 中的实值光滑函数,满足

$$D = \{z \in \mathbb{C}^n : r(z) < 0\},$$

$$\partial D = \{z \in \mathbb{C}^n : r(z) = 0\},$$

$$\nabla_r \mid \partial D \neq 0.$$

定义 D 的 Levi-行列式为

$$\lambda_D = \det \begin{bmatrix} 0 & r_{\bar{z}_j} \\ r_{z_i} & r_{z_i \bar{z}_j} \end{bmatrix},$$

则 ∂D 上的强拟凸点集和弱拟凸（Levi-平坦）点集分别为

$$S(\partial D) = \{z \in \partial D : \lambda_D(z) > 0\},$$

$$W(\partial D) = \{z \in \partial D : \lambda_D(z) = 0\}.$$

于是,对 $z_0 \in \partial D$,拟凸性可以数量化如下:

$$\tau(z_0) = \lambda_D(z) \text{ 在 } z_0 \text{ 点消失的阶数}$$

$$= \min\{m: \text{对 } \partial D \text{ 上的每个 } m \text{ 阶切向微分算子 } P,$$

$$P(\lambda_D(z_0)) = 0\}.$$

若在 z_0 附近选取适当的局部实坐标 $x = (x_1, \cdots, x_{2n-1})$，使在 z_0 处 $x = 0$，设在 z_0 附近 $\lambda_D(z)$ 可以展开成

$$\lambda_D(z) = \sum_{j=0}^{\infty} \sum_{|\alpha|=j} C_\alpha x^\alpha,$$

$\alpha = (\alpha_1, \cdots, \alpha_{2n-1})$ 是多重指标，

$$x^\alpha = x_1^{\alpha_1} \cdots x_{2n-1}^{\alpha_{2n-1}}, \mid \alpha \mid = \mid \alpha_1 \mid + \cdots + \mid \alpha_{2n-1} \mid,$$

则显然

$$\tau(z_0) = \min\{\mid \alpha \mid: C_\alpha \neq 0\},$$

而且 $\tau(z_0)$ 与坐标 x 的选取无关.

下面看这种数量化在研究逆紧映射问题时的作用. 设 $f: D_1 \rightarrow D_2$ 是逆紧全纯映射，D_1 和 D_2 均为光滑有界拟凸域，f 光滑延拓到边界. 若 r_2 是 D_2 的一个定义函数，则 $r_1 = r_2 \circ f$ 是 D_1 的一个定义函数[29]，于是，通过链锁规则计算可得

$$\begin{pmatrix} 1 & 0 \\ 0 & (J_f)^t \end{pmatrix} \begin{vmatrix} 0 & \dfrac{\partial r_2}{\partial \overline{w}_j} \\ \dfrac{\partial r_2}{\partial w_i} & \dfrac{\partial^2 r_2}{\partial w_i \partial \overline{w}_j} \end{vmatrix} \begin{pmatrix} 1 & 0 \\ 0 & \overline{J_f} \end{pmatrix} = \begin{vmatrix} 0 & \dfrac{\partial(r_2 \circ f)}{\partial \overline{z}_j} \\ \dfrac{\partial(r_2 \circ f)}{\partial z_i} & \dfrac{\partial^2(r_2 \circ f)}{\partial z_i \partial \overline{z}_j} \end{vmatrix},$$

其中，$w = f(z)$，对上式两边取行列式，则得

$$\lambda_{D_1}(z) = \lambda_{D_2}(f(z)) \mid \det(J_f(z)) \mid^2, z \in \partial D_1 \quad (1-1-1)$$

由等式(1-1-1)可见,对任意 $p \in \partial D_1$, 有

$$\tau(p) \geqslant \tau(f(p)),$$

当 $\tau(f(p))$ 有限时,等式成立当且仅当 p 不是 f 的分支点,即 $p \notin \overline{V}_f$. 换言之, f 的分支阶数降低 Levi-平坦性的阶数,从而若 $p \in \overline{V}_f$,则 $\lambda_{D_1}(p) = 0$,即

$$\overline{V}_f \bigcap \partial D_1 \subset W(\partial D_1).$$

另一方面,由式(1-1-1),显然有

$$f^{-1}(W(\partial D_2)) \subset W(\partial D_1).$$

概括来说,数量 $\tau(p)$ 有如下性质:

(1) τ 与坐标的选取无关.

(2) τ 与域的定义函数的选取无关.

(3) τ 是上半连续的.

(4) τ 是双全纯不变量.

(5) $\{p \in \partial D : \tau(p) = 0\}$ 恰好为 D 的强拟凸边界点集.

(6) $\{p \in \partial D : \tau(p) \geqslant 1\}$ 恰好为 D 的弱拟凸边界点集.

(7) 若 $f : D_1 \to D_2$ 是逆紧全纯映射而且光滑延拓到 ∂D_1,则对任意 $p \in \partial D_1$,有

$$\tau(p) \geqslant \tau(f(p)).$$

以上我们给出的工具非常有用,利用上述工具,已有很多非常好的结果被证明[18, 1, 2, 23, 32, 30, 31, 65, 34, 120, 55, 19]. 下面我们来简单介绍一下与逆紧全纯映射相关的一些问题.

1.2 与逆紧全纯映射相关的一些问题

1.2.1 逆紧全纯映射的存在性

对 $\mathbb{C}^n$ 中的任意有界域 D，其上总是存在逆紧全纯自映射，最平凡的就是恒等映射. 但是就像判定两个域是否双全纯等价很难一样，判定两个不同的域之间是否存在逆紧全纯映射也并非易事. 对这个问题存在与不存在的例证都很多.

Ahlfors[74] 和 Grunsky[63] 的结论说明很多情况下逆紧全纯映射是确实存在的：

定理 1. 2. 1[74][63] 如果 M 是一个带有非退化边界分支的有限 Riemann 曲面，则存在逆紧全纯映射 $f: M \to \triangle$.

在高维情形，对每个拟凸域 $D \subset \mathbb{C}^n$，或更一般地，对每个 Stein 流形 D，都存在逆紧全纯映射 $f: D \to \mathbb{C}^{n+1}$ 和逆紧全纯映射嵌入 $f: D \to \mathbb{C}^{2n+1}$[75]. 对于目标域是有界域的情形，Forsneric 在文献[42]4 中做了较为详细的综述，其中大多是目标域为高维单位球 B_N 的成果，而且在 5 和 6 中，他又分别综述了这类逆紧全纯映射的边界正则性和分类问题. 早些时候，Bedford[30] 也对这个问题做过系统介绍. 最近，对这种球域之间的逆紧全纯映射的研究也较多，但是大多数集中于处理其分类问题. Dor[8] 得到一个关于逆紧全纯映射存在性的结果：

定理 1. 2. 2[8] 设 $D_1 \subset \mathbb{C}^n (n \geqslant 2)$ 是光滑有界强拟凸域，$D_2 \subset \mathbb{C}^m$ $(m \geqslant n+1)$ 是凸域，则存在逆紧全纯映射 $f: D_1 \to D_2$.

另外，有一些关于具体域之间逆紧全纯映射存在之充分必要条件的研究. 如 Landucci[82] 和 Dini 与 Primicerio[46] 分别找到 $p, p' \in (\mathbb{Z}^+)^n$ 和 p, $p' \in (\mathbb{R}^+)^n$ 时广义拟椭球 $\sum(p)$ 和 $\sum(p)'$ 之间存在逆紧全纯映射的充

要条件. Landucci[83]、陈志华与许德康[18]分别找到 p, $p' \in (\mathbb{Z}^+)^n$, q, $q' \in (\mathbb{Z}^+)^m$, $n > 1$, $m = 1$ 和 $n > 1$, $m > 1$ 时广义 Hartogs 三角形之间逆紧全纯映射

$$f : \Omega(p, q) \to \Omega(p', q')$$

存在的充分必要条件. 陈志华[1]则找到了 p_i, $q_i \in (\mathbb{R}^+)^{n_i}$, $i = 1, \cdots, k$ 时广义 Hartogs 多边形 $\Omega(p_1, \cdots, p_k; n_1, \cdots, n_k)$, $\Omega(q_1, \cdots, q_k; n_1, \cdots, n_k)$ 之间逆紧全纯映射存在的充要条件(定理 2.2.6). Dini 与 Primicerio[45, 44] 则刻画了允许存在映到蛋型域上之逆紧全纯映射的 Reinhardt 域.

　　Poincaré 证明了 $\mathbb{C}^2$ 中的单位球 B_2 与二圆柱 $\triangle_2$ 互相不全纯等价. Rothstein[117] 把此结果推广为 $\mathbb{C}^n$ 中的单位球 B_n 与单位多圆柱 $\triangle_n$ 甚至都是互相逆紧全纯不等价的,即 B_n 和 $\triangle_n$ 之间不存在任何逆紧全纯映射. 而 Remmert-Stein[97] 的结论远不限于 $\triangle_n$,而是包含了更广的一类域都不与 B_n 逆紧全纯等价(也见文献[96]第 5 章和文献[118]第 15 章),而且文献[118] 还对 $f : B_n \to \triangle_n$ 的不存在性给出一个数量化说明. Henkin[47] 则证明了一般解析多面体与边界包含一个由强凸边界点构成之非空开集的域逆紧全纯不等价(特别地,边界 C^2 光滑的有界域一定满足此条件),这也包含了 Poincaré 的经典结论.

　　由于对拟凸域来说,逆紧全纯映射分支的阶数降低 Levi -平坦性的阶数,因此,如果 D_1 是强拟凸域(无处 Levi -平坦),则从 D_1 映出的逆紧全纯映射之像必定是不光滑的. 进一步,Pinčuk[110] 证明了像的这种不光滑性甚至都不能好如分片光滑:

　　定理 1.2.3[110]　设 D_1, $D_2 \subset \mathbb{C}^n$ $(n \geqslant 2)$ 是有界拟凸域,D_1 具有 C^2 边界,D_2 具有分片 C^2 光滑但不光滑边界,则不存在逆紧全纯映射 $f : D_1 \to D_2$.

另外,从强拟凸域到弱拟凸域的逆紧全纯映射也是不存在的.

另一个基础事实是,若 D_2 的维数低于 D_1 的维数,则逆紧全纯映射 $f: D_1 \to D_2$ 也不可能存在. Sibony[88] 构造了一个 $\mathbb{C}^2$ 中的光滑有界拟凸域 D_1,使得对任意凸域 $D_2 \subset \mathbb{C}^N (N > 2)$ 都不存在逆紧全纯映射 $f: D_1 \to D_2$.

1.2.2 逆紧全纯映射的边界问题

设 D_1 和 D_2 是 $\mathbb{C}^n$ 中的光滑有界域. 从 D_1 到 D_2 的双全纯映射是否一定存在? 因此有人猜想

猜想 任何双全纯映射 $f: D_1 \to D_2$ 都可以光滑地延拓到 D_1 的边界 ∂D_1.

如果这个猜想是正确的,则 $f(\partial D_1) \subset \partial D_2$,于是极易与 D_1 和 D_2 的边界不变量相关联,从而就对分类问题提供了有力帮助. C. Fefferman[20] 在强拟凸域的特殊情况下解决了上述猜想,带动了后人对此问题的相关研究.

1.2.3 逆紧全纯映射的刚性

对任意指定的整数 $m \geqslant 1$,在单位圆盘 $\triangle$ 上,总是存在 m 重逆紧全纯自映射,如 $f(z) = z^m$ 便是最简单的例子. 但是在高维情形,情况却完全不同了,在单位球 $B_n \subset \mathbb{C}^n (n > 1)$ 上,逆紧全纯自映射不可能分支,其重数必须为 1,事实上他只可能是全纯自同构,这是 Alexander[52, 53] 的经典结论. 所以,一个自然的问题是:什么样的域上逆紧全纯自映射都是全纯自同构? 或者更一般地,当 D_1 和 D_2 满足什么条件时,逆紧全纯映射 $f: D_1 \to D_2$ 一定是双全纯的? 有一个著名的猜想是:

猜想 $\mathbb{C}^n (n > 1)$ 中光滑有界域上的逆紧全纯自映射必定为全纯自同构.

在最一般情形下,这仍然是一个尚未解决的问题.

（1）自映射的刚性

对单位球 $B_n \subset \mathbb{C}^n$（$n > 1$），Pelles[27]，Alexander[51]，Pinčuk[108]，Fornaess[71]，Eisenman[21] 在某些条件下证明了上述刚性猜想. 1977 年，Alexander[52, 53] 在 B_n 上完全解决了这个猜想，后来 Rudin[118, 119] 和 Bell[105] 都曾给出不同的证明.

对强拟凸域情形，Pinčuk[107]，Fornaess[71] 和 Alexander[52] 都在各种附加条件下证明了上述猜想. Pinčuk[109]，Burns 和 Shnider[23]，Diederich 和 Fornaess[73] 则完全证明了强拟凸域上该猜想成立. 特别是 Pinčuk[111] 用 Scaling 方法重新给出了一个优美的证明.

对具有实解析边界的拟凸域，Bedford 和 Bell[32, 33]，Bedford[30, 31] 及 Bell[103] 证明了上述刚性猜想. 对映射 f 附加某些假定条件后，Baouendi 和 Bell[78] 等证明了 $\mathbb{C}^2$ 中具有实解析边界的一般有界域上逆紧全纯自映射必定为自同构. Baouendi 和 Rothschild[79] 把这个结果推广到了 $\mathbb{C}^n$ 中. 更一般地，Huang 和 Pan[55] 证明了具有实解析边界有界域上的逆紧全纯自映射若光滑延拓到边界，则必定为全纯自同构. Shafikov[98] 则对实代数边界的有界域证明了上述刚性猜想.

对某些具有充分对称性的域，这个刚性猜想也获得了一定程度的解决. 最典型的例子是 Reinhardt 域. 如 Bedford[28, 30]，Barrett[22] 曾证明，若 D 为 $\mathbb{C}^n$ 中有界 Reinhardt 域，而且对任意 $z = (z_1, \cdots, z_n) \in \bar{D}$ 都有 $z_1 \cdots z_n \neq 0$，则 D 的每个逆紧全纯自映射都是全纯自同构. Pan[120] 对光滑有界拟凸 Reinhardt 域证明了，若其 Levi - 行列式在边界消失的阶数是处处有限的，则在其上刚性猜想成立. Chaouech[6] 对此给出另一个证明. 同时，Pan[120] 在 $\mathbb{C}^2$ 中找到一个例子说明即使 Levi - 行列式零点的阶数在某些边界点可能达到无穷时，刚性猜想也成立，Hamada[65] 则在 $\mathbb{C}^n$ 中找到了这样的例子. 最近一个时期，有很多人关注 $\mathbb{C}^2$ 中 Reinhardt 域上的逆紧全纯映射，在一些特殊条件下证明了刚性猜想. 例如，Landucci 和 Patrizio[85] 考

虑了 $\mathbb{C}^2$ 中 Reinhardt 域的边界包含一个圆盘的情况;Landucci[84] 考虑了 D 为 $\mathbb{C}^2$ 中光滑有界拟凸完全 Reinhardt 域且其弱拟凸边界点完全落在坐标超平面时的情况;Berteloot 和 Pinčuk[38] 以及 Landucci 和 Spiro[87] 用不同方法独立地讨论了 $\mathbb{C}^2$ 中的有界完全 Reinhardt 域,其结论十分优美:双圆柱是 $\mathbb{C}^2$ 中唯一一个允许存在非自同构之逆紧全纯自映射的有界完全 Reinhardt 域. 对 $\mathbb{C}^n$ 中的 Reinhardt 域,Berteloot[34] 处理得更广泛些,他对 $\mathbb{C}^n$ 中具有 C^2 边界的完全 Reinhardt 域证明了刚性猜想,他的方法给出了 C^2 边界情形文献[28,30,22]之上述结论的另一个证明.

具有对称性的另一个典型域类是圆形域. 由于 Reinhardt 域一定是圆形域,反之未必,因此这类域上的研究会更困难一些. 现在已知的结论有, $\mathbb{C}^2$ 中有限型光滑有界拟凸完全圆形域[15] 和 $\mathbb{C}^2$ 中有限型光滑有界拟凸准圆形域[16] 上刚性猜想成立,后者事实上包含着前者以及同样条件下的一般圆形域和 Hartogs 域. 另外,对 f 做某种要求后,Berteloot[35] 在 $\mathbb{C}^2$ 中具有 C^2 边界的有界完全圆形域上证明了刚性猜想.

另外,在上述两种域中,有一些十分具体的域例上刚性猜想也得到了验证. 例如 Landucci[82] 及 dini 和 Primicerio[46] 分别在 $p \in (\mathbb{Z}^+)^n$ 和 $p \in (\mathbb{R}^+)^n$ 时研究的蛋型域. Hamada[65] 研究的一类更广泛的蛋型域,还有陈志华和许德康[19] 及韩静[50] 分别研究的 $p \in (\mathbb{Z}^+)^n$, $q \in (\mathbb{Z}^+)^m$ 和 $p \in (\mathbb{R}^+)^n$, $q \in (\mathbb{R}^+)^m$, $n > 1$, $m > 1$ 时的广义 Hartogs 三角形 $\Omega(p, q)$,就都是具体的 Reinhardt 域. 而 Ourimi[91] 则在一个具体的非 Reinhardt 域的圆形域—极小球上证明了刚性猜想.

另一方面,Henkin 和 Novikov[48], Henkin 和 Tumanov[12,11], Tumanov[10] 对所有的经典 Cartan 域以及第二类 Siegel 域中的一大族证明了刚性猜想.

尽管对刚性猜想的肯定回答如此之多,但是在不光滑情形下,确实也有其不成立例子. 例如,已经提过的二圆柱及 Berteloot 和 Leob[36,37] 研究全纯动力学时所得到的 $\mathbb{C}^2$ 中的例子. 还有广义 Hartogs 三角形 $\Omega(p, q)$,
$p \in (\mathbb{Z}^+)^n$, $q \in (\mathbb{Z}^+)^m$, $n > 1$, $m = 1$[83] 等都存在非单射的逆紧全纯自
映射.

（2）不同域之间逆紧全纯映射的刚性

强拟凸域之间的逆紧全纯映射必定是双全纯的[107, 109, 73, 111]. 而且从光
滑有界强拟凸域出发的逆紧全纯映射都必定是局部双全纯的, 更甚者, 其
目标域必定也是强拟凸. 对前一事实, 文献[99, 101, 23, 109]给出的各
种形式的证明, 后一事实则见于文献[100, 110], 而 Bedford[30] 给出了一个
简短的证明. Diederich 和 Fornaess[73] 证明了更广泛的结论: 设 D_1 是光滑
有界拟凸域而且满足条件 R, 若 $W(\partial D_1)$ 的 Hausdorff 测度为 0, 则从 D_1 到
任一光滑有界拟凸域 D_2 的逆紧全纯映射是局部双全纯的.

另一方面, 却有很多明显的从某些弱拟凸域出发到强拟凸域的非双全
纯逆紧映射的例子, 如从椭球 $\sum(p)$ 到单位球 B_n.

利用 Hermitian 局部对称流形上的度量刚性定理[92, 93], Mok[94] 得到了
很多有关同一类型的 Hermitian 局部对称流形之间逆紧全纯映射刚性的定
理. 受 Mok 的影响, Tu 在他的博士学位论文[113]中研究了等维和不等维有
界对称域之间逆紧全纯映射的刚性, 也见文献[115, 114].

1.2.4　逆紧全纯映射的分类及表达式

在此我们首先来回忆映射的等价性定义.

定义 1.2.1　映射 f, g 是从单位球 $\mathbb{B}^n$ 到 $\mathbb{B}^N$ 的逆紧全纯映射, 如果存
在 $\sigma \in \mathrm{Aut}(\mathbb{B}^n)$ 和 $\tau \in \mathrm{Aut}(\mathbb{B}^N)$, 使得 $g = \tau \circ f \circ \sigma$.

找出逆紧全纯映射所有等价类就是逆紧全纯映射的分类问题.

当所研究的域之间的逆紧全纯映射可能具有特殊的特征时, 去寻找其
非常特殊的刻画是十分有趣而优美的事情. 这时, 人们往往尝试对其进行
分类或者写出其具体表达式.

如前所述,单位球 $B_n (n \geqslant 1)$ 和单位多圆柱 $\triangle_n (n > 2)$ 上的逆紧全纯自映射已经完全分类清楚了.

对完全圆形域,Bell[102, 104, 106] 和 Berteloot[35] 都对逆紧全纯映射证明了推广的 Cartan 定理,认为在某些条件下两个这类域之间的逆紧全纯映射是多项式的.

Landucci 和其他作者[85, 86, 87],Spiro[14],Berteloot 和 Pinčuk[38] 都对 $\mathbb{C}^2$ 中一些 Reinhardt 域之间的逆紧全纯映射给出了其完全的刻画.Bedford[28] 对 $\mathbb{C}^n$ 中的一类 Reinhardt 域写出了其逆紧全纯映射之表达式.文献[82, 46, 2]以及本文 3.2 分别给出不等维的蛋型域 $\sum(p)$ 和广义 Hartogs 三角形 $\Omega(p, q)$ 上逆紧全纯映射的分类. 从 Poincaré[54],Tanaka[90],Alexander[52] 的工作开始,自从 Webster[112] 利用 Chenr-Moser 理论证明了三次连续可微到边界的逆紧全纯映射 $f: B_n \to B_{n+1} (n \geqslant 3)$ 在相差 B_n 和 B_{n+1} 的自同构的意义下只有嵌入映射

$$(z_1, \cdots, z_n) \mapsto (z_1, \cdots, z_n, 0)$$

以来,不等维单位球之间映射的分类问题一直受到人们的关注. 尤其是其中一些工作(见Forstenerič[42]对 1992 年之前成果的综述)充分显示了这一数学问题的内蕴美,目前,这一分类问题尚未完全为人所知.新近的这方面的文献有 Huang[56, 57],Huang 和 Yi[58],D Angelo[67],Yi 和 Xu[72] 等人的文献.

1.2.5 特殊域类上的研究

由于逆紧全纯映射领域的几个经典猜想都未完全得到解决,人们更多的是讨论各种条件下及各种较为特殊的域类上的逆紧全纯映射.七八十年代研究得最多的是拟凸域,稍后对 Reinhardt 域、圆形域等具有某些对称性的域及边界实解析的域给以较大关注.具体的域类更是研究了单位球、多

圆柱、蛋型域、广义 Hartogs 三角形等.上述域类上的研究之大部分已在前文及本文相关章节中给出介绍.此外,如某些多面体(见文献[1,121]等)、某种无界域(如文献[9]等)及流形(如文献[17,116]等)上的逆紧全纯映射都曾被研究.而且不乏边界不光滑者(如文献[18,115]等).

　　另外,当考虑 Stein 流形中的域时,在 $\mathbb{C}^n$ 中域上成立的结果仍然成立,见 Beford 的文献[30,31,32]等.

第2章

等维条件下特殊 Reinhardt 域和 圆型域上的逆紧全纯映射

本章 2.1 给出我们将要讨论的 $\mathbb{C}^n$ 中一些有界域的基本定义及记号的具体解释. 在 2.2 部分,将着重回忆到目前为止在特殊 Hartogs 三角形上逆紧全纯映射刚性定理及其分类情况. 在 2.3 部分,我们给出了特殊圆型域上逆紧全纯映射刚性定理及其分类情况,从而将前人关于 Reinhardt 域范畴内特殊 Hartogs 三角形上逆紧全纯映射的研究推广到了圆型域的范畴中. 因此,我们的工作对于研究逆紧全纯映射在圆型域上的性质具有推动作用. 下面给出一些基本定义.

2.1 特殊有界域基本定义

定义 2.1.1 D_1 是 $\mathbb{C}^n$ 中的有界域,如果对任意的 $z \in D_1$, $z = (z_1, \cdots, z_n)$,都有 $(z_1 e^{i\theta_1}, \cdots, z_n e^{i\theta_n}) \in D_1$,其中,$\theta_1, \cdots, \theta_n \in \mathbb{R}$,则称 D_1 为 Reinhardt 域.

定义 2.1.2 D_1 是 $\mathbb{C}^n$ 中的有界域,如果对任意的 $z \in D_1$, $z = (z_1, \cdots, z_n)$,都有 $(z_1 e^{i\theta}, \cdots, z_n e^{i\theta}) \in D_1$,其中,$\theta \in \mathbb{R}$,则称 D_1 为圆

型域.

定义广义 Hartogs 三角形:

$$\Omega(p,\ q) = \{(z,\ w) \in \mathbb{C}^{n+m} : \sum_{i=1}^{n} \mid z_i \mid^{2p_i} < \sum_{j=1}^{m} \mid w_j \mid^{2q_j} < 1\}$$

$$(2-1-1)$$

$$p = (p_1,\ \cdots,\ p_n) \in (\mathbb{R}^+)^n,\ q = (q_1,\ \cdots,\ q_m) \in (\mathbb{R}^+)^m,\ n > 1,\ m > 1.$$

$$\Omega(p',\ q') = \{(z',\ w') \in \mathbb{C}^{n+m} : \sum_{i=1}^{n} \mid z_i' \mid^{2p_i'} < \sum_{j=1}^{m} \mid w_j' \mid^{2q_j'} < 1\}$$

$$(2-1-2)$$

$$p' = (p_1',\ \cdots,\ p_n') \in (\mathbb{R}^+)^n,\ q' = (q_1',\ \cdots,\ q_m') \in (\mathbb{R}^+)^m,$$

$$n > 1,\ m > 1.$$

$$\Omega = \{(z,\ w) \in \mathbb{C}^{n+m} : \sum_{i=1}^{n} \varphi_i(\mid z_i \mid^2) < \sum_{j=1}^{m} \psi_j(\mid w_j \mid^2) < 1\},$$

$$(2-1-3)$$

$$\Omega^0 = \{(z,\ w) \in \mathbb{C}^{n+m} : \sum_{i=1}^{n} \varphi_i^0(\mid z_i \mid^2) < \sum_{j=1}^{m} \psi_j^0(\mid w_j \mid^2) < 1\},$$

$$(2-1-4)$$

其中，φ_i，$i = 1,\ \cdots,\ n$ 是 $[0,\ +\infty)$ 上的 C^2 函数，并且对每一个 $i = 1,$ $2,\ \cdots,\ n$，$j = 1,\ 2,\ \cdots,\ m$，$\exists a_i > 0$，$b_j > 0$ 使之满足下列条件:

$$\varphi_i(0) = 0,\ \psi_j(0) = 0;$$

$$\varphi_i(a_i) = 1,\ \psi_j(b_j) = 1;$$

$$\varphi_i'(t) > 0,\ t\varphi_i''(t) + \varphi_i'(t) > 0,\ 0 < t \leqslant a_i;$$

$$\psi_j'(t) > 0,\ t\psi_j''(t) + \psi_j'(t) > 0,\ 0 < t \leqslant b_j;$$

$$\varphi_i(t) > 1,\ t > a_i;$$

$$\psi_j(t) > 1,\ t > b_j.$$

另外定义蛋型域：

$$\sum(p) = \left\{ z \in \mathbb{C}^n : \sum_{i=1}^{n} |z_i|^{2p_i} < 1 \right\}, \qquad (2-1-5)$$

$$\sum(p') = \left\{ z' \in \mathbb{C}^n : \sum_{i=1}^{n} |z_i'|^{2p_i'} < 1 \right\}, \qquad (2-1-6)$$

$$\sum(\varphi) = \left\{ z \in \mathbb{C}^n : \sum_{i=1}^{n} \varphi_i(|z_i|^2) < 1 \right\}, \qquad (2-1-7)$$

$$\sum(\psi) = \left\{ z \in \mathbb{C}^n : \sum_{i=1}^{n} \psi_i(|z_i|^2) < 1 \right\}. \qquad (2-1-8)$$

从以上定义显然可以看出 $\Omega(p,q)$，$\Omega(p',q')$，Ω，Ω^0，$\sum(p)$，$\sum(p')$，$\sum(\varphi)$，$\sum(\psi)$ 都是 Reinhardt 域，当然更是圆型域.

本章中使用的符号说明如下：

符号 H_{z_i} 表示 $\mathbb{C}^n$ 中第 i 个坐标超平面 $\{z_i = 0\}$，$E = \bigcup_{i=1}^{n} H_{z_i}$；

对 $a \in \mathbb{C}^n$，$\epsilon > 0$，$B(a, \epsilon)$ 表示以 a 为中心以 ϵ 为半径的开球；

对 $\mathbb{C}^n$ 中的任意有界域 D，符号 $\mathrm{Aut}(D)$ 表示 D 上的全纯自同构群；

对映射

$$f = (f_1, \cdots, f_n, f_{n+1}, \cdots, f_{n+m}) : \mathbb{C}^{n+m} \to \mathbb{C}^{n+m},$$

简记

$$f = (f', f''),\text{其中 } f' = (f_1, \cdots, f_n),\ f'' = (f_{n+1}, \cdots, f_{n+m});$$

符号 $\Omega(p,q)$ 和 $\Omega(p',q')$ 总是代表广义 Hartogs 三角形（式(2-1-1)和式(2-1-2)），$\sum(p)$ 和 $\sum(p')$ 总是代表广义拟椭球（式(2-1-

5))和(式(2-1-6)),Ω 和 Ω^0 总是代表广义 Hartogs 三角形(式(2-1-3))和(式(2-1-4)),$\sum(\varphi)$ 总是代表广义拟椭球(式(2-1-7));

对于 $\Omega(p, q)$ 和 $\sum(p)$ 中的指标 p 和 q,如果没有特殊说明,它们总是代表一般的实数向量

$$p = (p_1, \cdots, p_n) \in (\mathbb{R}^+)^n, q = (q_1, \cdots, q_m) \in (\mathbb{R}^+)^m;$$

对于任意一点 $(z, w) \in \mathbb{C}^{n+m}$,记

$$(z, w) = (z^h, z^{n-h}, w^k, w^{m-k}),$$

$$z = (z_1, \cdots, z_n), \qquad\qquad w = (w_1, \cdots, w_m),$$

$$z^h = (z_1, \cdots, z_h), \qquad\qquad z^{n-h} = (z_{h+1}, \cdots, z_n),$$

$$w^k = (w_1, \cdots, w_k), \qquad\qquad w^{m-k} = (w_{k+1}, \cdots, w_m),$$

$$|z|^{2p} = \sum_{i=1}^{n} |z_i|^{2p_i}, \qquad\qquad |z'|^{2p'} = \sum_{i=1}^{n} |z_i'|^{2p_i'},$$

$$|w|^{2q} = \sum_{j=1}^{m} |w_j|^{2q_j}, \qquad\qquad |w'|^{2q'} = \sum_{j=1}^{m} |w_j'|^{2q_j'}.$$

2.2　等维条件下特殊 Reinhardt 域上的逆紧全纯自映射

2.2.1　逆紧全纯自映射

本节主要回忆广义 Hartogs 三角形上逆紧全纯自映射之刚性和其全纯自同构的分类. 文献[19]研究了 $p \in (\mathbb{Z}^+)^n$,$q \in (\mathbb{Z}^+)^m$ 时的情况,不妨取

$$p_i \neq 1 \ (i = 1, \cdots, h), \ p_i = 1 \ (i = h+1, \cdots, n),$$

$$q_j \neq 1 \ (j = 1, \cdots, k), \ q_j = 1 \ (j = k+1, \cdots, m),$$

得到了 $\Omega(p, q)$ 上逆紧全纯自映射的刚性和分类,其结果如下:

定理 2.2.1[19] 设

$$f: \Omega(p, q) \to \Omega(p, q)$$

是逆紧全纯自映射,则 f 是 $\Omega(p, q)$ 的全纯自同构. 而且,在仅仅相差 B_{m-k} 之自同构的意义上,f 可以写成如下形式:

$$f(z, w) = (c_1 z_{\sigma(1)}, \cdots, c_h z_{\sigma(h)}, t(z^{n-h}), b_1 w_{\delta(1)}, \cdots,$$
$$b_k w_{\delta(k)}, t'(w^{m-k})),$$

其中,c_i, b_j 是模为 1 的复常数,$\sigma \in S_h$,$\delta \in S_k$,并且使得

$$p_{\sigma(i)} = p_i, \ q_{\delta(j)} = q_j, \ 1 \leqslant i \leqslant h, \ 1 \leqslant j \leqslant k.$$

符号 S_n 表示 n 元置换群,t 和 t' 分别表示 $\mathbb{C}^{n-h}$ 和 $\mathbb{C}^{m-k}$ 中的酉变换,B_{n-h} 和 B_{m-k} 分别表示 $\mathbb{C}^{n-h}$ 和 $\mathbb{C}^{m-k}$ 中的单位球.

在定理 2.2.1 的基础上,韩静将其中的 p, q 推广到了实数域,也得到了相应的结果:

定理 2.2.2[3] 设

$$f: \Omega(p, q) \to \Omega(p, q)$$

是逆紧全纯自映射,则 f 是 $\Omega(p, q)$ 的全纯自同构. 而且,在仅仅相差 B_{m-k} 之自同构的意义上,f 可以写成如下形式:

$$f(z, w) = (c_1 z_{\sigma(1)}, \cdots, c_h z_{\sigma(h)}, t(z^{n-h}), b_1 w_{\delta(1)}, \cdots, b_k w_{\delta(k)}, t'(w^{m-k})),$$

其中,c_i, b_j 是模为 1 的复常数,$\sigma \in S_h$,$\delta \in S_k$,并且使得

$$p_{\sigma(i)} = p_i, \ q_{\delta(j)} = q_j, \ 1 \leqslant i \leqslant h, \ 1 \leqslant j \leqslant k.$$

符号 S_n 表示 n 元置换群，t 和 t' 分别表示 $\mathbb{C}^{n-h}$ 和 $\mathbb{C}^{m-k}$ 中的酉变换，B_{n-h} 和 B_{m-k} 分别表示 $\mathbb{C}^{n-h}$ 和 $\mathbb{C}^{m-k}$ 中的单位球.

作为定理 2.2.2 的自然推论，有下面关于全纯自同构分类的结果.

推论 2.2.1[3]　在相差 $\Omega(p, q)$ 之自同构的意义上，

$$f(z, w) = (z_{\sigma(1)}, \cdots, z_{\sigma(n)}, w_{\delta(1)}, \cdots, w_{\delta(m)}),$$

是 $\Omega(p, q)$ 上唯一的逆紧全纯自映射，它也是 $\Omega(p, q)$ 的全纯自同构，其中 $\sigma \in S_n$，$\delta \in S_m$，并且使得

$$p_{\sigma(i)} = p_i, \quad q_{\delta(j)} = q_j, \quad 1 \leqslant i \leqslant n, \quad 1 \leqslant j \leqslant m.$$

若对一切 $i = 1, \cdots, n$，$j = 1, \cdots, m$ 都有 $p_i \neq 1$，$q_j \neq 1$，则有下面的特殊结果.

推论 2.2.2　设 $p_i \neq 1$，$q_j \neq 1$，$i = 1, \cdots, n$，$j = 1, \cdots, m$，

$$f: \Omega(p, q) \to \Omega(p, q)$$

是逆紧全纯自映射，则 f 是 $\Omega(p, q)$ 的全纯自同构. 而且形如：

$$f(z, w) = (c_1 z_{\sigma(1)}, \cdots, c_n z_{\sigma(n)}, b_1 w_{\delta(1)}, \cdots, b_m w_{\delta(m)}),$$

其中，c_i，b_j 是模为 1 的复常数，$\sigma \in S_n$，$\delta \in S_m$，并且使得

$$p_{\sigma(i)} = p_i, \quad q_{\delta(j)} = q_j, \quad 1 \leqslant i \leqslant n, \quad 1 \leqslant j \leqslant m.$$

我们知道蛋型域 $\sum(\varphi_i)$ 和 $\sum(\psi_j)$ 是具有 C^2 -类光滑边界的有界拟凸完全 Reinhardt 域. Berteloot[34]的结论说明 $\sum(\varphi_i)$ 和 $\sum(\psi_j)$ 上的任一逆紧全纯自映射一定是一个双全纯自同构. 对更加一般的情况，文献 [50]给出了如下定理：

定理 2.2.3[50]　设 Ω 为如前面定义的 $\mathbb{C}^{n+m}(n > 1, m > 1)$ 中的广义

Hartogs 三角形. 如果

$$f = (f_1, \cdots, f_n, f_{n+1}, \cdots, f_{n+m}): \Omega \to \Omega$$

是一个逆紧全纯自映射, 则 f'' 与 z 无关而且是域 $\sum (\psi_j)$ 上的双全纯自同构; 同时, 对任一固定的 w_0, 如果 $\sum_{j=1}^{m} \psi_j(|w_j^0|^2) = 1$, 则

$$f'_{w_0}(z) = (f_1(z, w_0), \cdots, f_n(z, w_0))$$

都是域 $\sum (\varphi_i)$ 上的双全纯自同构.

对蛋型域的研究, 文献[46]给出了如下的结论. 此结论对求等维和不等维条件下的 Hartogs 三角形之间的逆紧全纯映射的性质有非常重要的帮助.

引理 2.2.1[46]　每个逆紧全纯自映射 $f: \sum (p) \to \sum (p)$ 都是一个全纯自同构. 而且 $\sum (p)$ 的自同构都形如:

$$f(z) = \left(c_1 z_{\sigma(1)} \left[\frac{1 - |z_0^{n-h}|^2}{(1 - <z^{n-h}, z_0^{n-h}>)^2} \right]^{\frac{1}{2p_1}}, \cdots, \right.$$

$$\left. c_h z_{\sigma(h)} \left[\frac{1 - |z_0^{n-h}|^2}{(1 - <z^{n-h}, z_0^{n-h}>)^2} \right]^{\frac{1}{2p_h}}, t_{z_0^{n-h}}(z^{n-h}) \right),$$

其中, c_i 是模为 1 的复常数, $\sigma \in S_h$, 并且使得 $p_{\sigma(i)} = p_i$, $1 \leqslant i \leqslant h$. $z_0^{n-h} \in B_{n-h}$, $t_{z_0^{n-h}}(z^{n-h}) \in \text{Aut}(B_{n-h})$ 使 $t_{z_0^{n-h}}(z_0^{n-h}) = 0$.

注 2.2.1　由引理 2.2.1 中 f 的表达式易见, 在 $\sum (p) \cap H_{z_1} \cap \cdots \cap H_{z_h}$ 上,

$$f(z) = (0, \cdots, 0, t_{z_0^{n-h}}(z^{n-h})).$$

因此,对任意

$$z \in \sum(p) \bigcap H_{z_1} \bigcap \cdots \bigcap H_{z_h},$$

一定存在 $\sum(p)$ 的一个自同构 g,使得 $g(z) = 0$. 而且在相差 B_{n-h} 的自同构的意义上,f 一定保持原点不动. 进一步,如果 f 保持原点不动则 f 一定形如

$$f(z) = (c_1 z_{\sigma(1)}, \cdots, c_h z_{\sigma(h)}, t(z^{n-h})),$$

t 为 $\mathbb{C}^{n-h}$ 上的酉变换.

注 2.2.2 Naruki[66] 曾经利用 Lie 群和向量场的方法刻画了 Aut($\sum(p)$),$p \in (\mathbb{R}^+)^n$. 他的结论是:

(a) 当所有的 $p_i \neq 1$,$1 \leqslant i \leqslant n$ 时,Aut($\sum(p)$) $= \approx$;

(b) 当 $p_i \neq 1$ $(1 \leqslant i \leqslant h)$,$p_i = 1(h+1 \leqslant i \leqslant n)$ 时,Aut($\sum(p)$) 在原点的迷向群为

$$I(\sum(p)) = \approx \cdot \mathbb{U}(n-h),$$

其中 $\approx = \mathbb{R}^n/2\pi\mathbb{Z}^n$ 为 n 维环群,$\mathbb{U}(n-h)$ 是 $n-h$ 维酉变换群.

易见引理 2.2.1 的显式结果与 Naruki[66] 的这个刻画是一致的.

注 2.2.3 若所有的 $p_i \geqslant 1$,$1 \leqslant i \leqslant n$,则引理 2.2.1 的第一个结论是 Berteloot[34] 结论的一个特例. Berteloot[34] 证明了 $\mathbb{C}^n$ 中具有 C^2 光滑边界的有界完全 Reinhardt 域上逆紧全纯自映射必定为自同构.

2.2.2 特殊 Reinhardt 域之间的逆紧全纯映射

我们回忆 $\sum(p)$ 与 $\sum(p')$ 之间及 $\mathbb{C}^{n+m}$ 中广义 Hartogs 三角形

$\Omega(p, q)$ 与 $\Omega(p', q')$ 之间逆紧全纯映射的分类问题，其中 $\sum(p)$ 与 $\sum(p')$ 及 $\Omega(p, q)$ 与 $\Omega(p', q')$ 如本章 2.1 所介绍.

对广义 Hartogs 三角形之间的逆紧全纯映射存在性研究上，文献[18] 找到了上述逆紧全纯映射 f 存在的充分必要条件：

定理 2. 2. 4[18]　　逆紧全纯映射 $f: \Omega(p, q) \rightarrow \Omega(p', q')$ 存在的充分必要条件是存在置换 $\sigma \in S_n$, $\delta \in S_m$ 使得

$$\alpha(i) := \frac{p_{\sigma(i)}}{p'_i} \in \mathbb{Z}^+, i = 1, 2, \cdots, n;$$

$$\beta(j) := \frac{q_{\delta(j)}}{q'_j} \in \mathbb{Z}^+, j = 1, 2, \cdots, m.$$

对于下面这种情形，

$$p \in (\mathbb{R}^+)^n, p_i > 1 \ (i = 1, \cdots, h), p_i = 1 \ (i = h + 1, \cdots, n),$$

$$q \in (\mathbb{R}^+)^m, q_j > 1 \ (j = 1, \cdots, k), q_j = 1 \ (j = k + 1, \cdots, m),$$

$$p' \in (\mathbb{R}^+)^n, p'_i > 1 \ (i = 1, \cdots, h'), p'_i = 1 \ (i = h' + 1, \cdots, n),$$

$$q' \in (\mathbb{R}^+)^m, q'_j > 1 \ (j = 1, \cdots, k'), q'_j = 1 \ (j = k' + 1, \cdots, m),$$

文献[3]对逆紧全纯映射 $f: \Omega(p, q) \rightarrow \Omega(p', q')$ 之分类结果如下：

定理 2. 2. 5　[3]　设存在逆紧全纯映射

$$f: \Omega(p, q) \rightarrow \Omega(p', q'),$$

则在相差 $\Omega(p, q)$ 和 $\Omega(p', q')$ 的全纯自同构的意义下，

$$f(z, w) = (z_{\sigma(1)}^{\alpha(1)}, \cdots, z_{\sigma(n)}^{\alpha(n)}, w_{\delta(1)}^{\beta(1)}, \cdots, w_{\delta(m)}^{\beta(m)})$$

是唯一的一个.

当 $p \in (\mathbb{Z}^+)^n$，$p' \in (\mathbb{Z}^+)^n$，$q \in (\mathbb{Z}^+)^m$，$q' \in (\mathbb{Z}^+)^m$ 时，文献[18]建立了定理 2.2.4 的存在性结果，基于此，文献[2]在此情形证明了上述定理 2.2.6. 作为对广义 Hartogs 三角形的一个推广，对于广义 Hartogs 多边形的研究，文献[1]给出了其上逆紧全纯映射存在性的充分必要条件：

定理 2.2.6　[1] $F: \Omega(p_1, \cdots, p_k; n, \cdots, n_k) \to \Omega(p'_1, \cdots, p'_k; n, \cdots, n_k)$ 逆紧全纯映射，F 存在的充要条件是存在 σ_i，$1 \leqslant i \leqslant k$，是 $(\sum\limits_{s=1}^{i-1} n_s + 1, \cdots, \sum\limits_{s=1}^{i} n_s)$ 的一个置换，使得

$$p_{\sigma_i(j)} / p'_j \in \mathbb{Z}^+; \quad \sum_{s=1}^{i-1} n_s < j \leqslant \sum_{s=1}^{i} n_s.$$

其中 $\Omega(p_1, \cdots, p_k; n, \cdots, n_k) := \{z \in \mathbb{C}^N \mid 0 < |Z_1|^{2p_1} < |Z_2|^{2p_2} < \cdots < |Z_k|^{2p_k} < 1\}$，这里

$$\begin{cases} |Z_1|^{2p_1} := |z_1|^{2p_{11}} + \cdots + |z_n|^{2p_{1n}} \\ \qquad \vdots \\ |Z_i|^{2p_i} := |z_{\sum_{s=1}^{i-1} n_s + 1}|^{2p_{i1}} + \cdots + |z_{\sum_{s=1}^{i} n_s}|^{2p_{in_i}}, \quad 2 \leqslant i \leqslant k \end{cases}$$

$$(2-2-1)$$

且 $p_{ij} \in \mathbb{R}^+$，$1 \leqslant i \leqslant k$，$1 \leqslant j \leqslant n_i$，$2 \leqslant n_i$，$N = \sum\limits_{i=1}^{k} n_i$.

同时，对于蛋型域上逆紧全纯映射的研究已有如下的一些结果.

定理 2.2.7[82]　$\sum(p)$ 与 $\sum(p')$ 之间若存在逆紧全纯映射，则在相差 $\sum(p')$ 的全纯自同构的意义上这个逆紧全纯映射是唯一的，而且就是

$$f(z) = (z_1^{\alpha(1)}, \cdots, z_n^{\alpha(n)}),$$

$$\alpha(1) = \frac{p_1}{p'_1}, \cdots, \alpha(n) = \frac{p_n}{p'_n}, \quad p \in (\mathbb{Z}^+)^n, \quad p' \in (\mathbb{Z}^+)^n.$$

当 $p \in (\mathbb{R}^+)^n$, $p' \in (\mathbb{R}^+)^n$ 时,文献[50]给出了逆紧全纯映射

$$f: \sum(p) \to \sum(p')$$

的分类定理,其结果与 Landucci[82]在 $p \in (\mathbb{Z}^+)^n$, $p' \in (\mathbb{Z}^+)^n$ 时所得相同,但是限于 $f(0) = 0$ 的假定之下. 这个结果将用于证明定理 2.2.6.

引理 2.2.2[50] 设 $f: \sum(p) \to \sum(p')$ 为逆紧全纯映射,而且 $f(0) = 0$,则在相差 $\sum(p')$ 的自同构的意义上,f 一定是

$$f(z) = (z_{\sigma(1)}^{\alpha(1)}, \cdots, z_{\sigma(n)}^{\alpha(n)}),$$

其中,$\sigma \in S_n$,使得

$$\alpha(i) = \frac{p_{\sigma(i)}}{p'_i} \in \mathbb{Z}^+, \quad i = 1, 2, \cdots, n.$$

其实对于这类蛋型域的研究,早在 90 年代就有了相应的结果:

定理 2.2.8[45] $\sum(p) \to \sum(p')$ 存在逆紧全纯映射,当且仅当存在一个置换 σ 使得 $p_{\sigma(j)}/p'_j \in \mathbb{Z}^+$, $j = 1, \cdots, n$.

我们在本节给出这些已有的结果首先是想读者对特殊 Reinhardt 域的研究状况有所了解,另一方面也为本文对后面一节将要讲述的特殊圆型域上的逆紧全纯映射刚性定理和分类问题的给出做一个铺垫.

2.3 等维条件下特殊圆型域之间逆紧全纯映射的刚性和分类

在文献[19],[1]中,作者证明了广义 Hartogs 三角形与多面体的逆紧全纯映射的刚性定理,即它们的逆紧全纯映射必定是全纯自同构. 文献

[19],[1]中讨论的区域都是不光滑的 Reinhardt 域,而本节将要讨论的区域是不光滑的圆形域. 我们给出了一类不光滑的圆形域的逆紧全纯映射的刚性定理和分类.

2.3.1 定义及主要定理

首先给出本节将要讨论的圆型域范畴内的特殊 Hortogs 三角形:

$$\Omega(M_n, M_m) := \{(z, w) \in \mathbb{C}^{n+m} : 0 < |z|^2 + |z^2| <$$
$$|w|^2 + |w^2| < 1\} \qquad (2 - 3 - 1)$$

其中

$$|z|^2 = \sum_{i=1}^{n} |z_i|^2, \quad |z^2| = \sum_{i=1}^{n} |z_i^2|, \quad |w|^2 = \sum_{i=1}^{m} |w_i|^2,$$

$$|w^2| = \sum_{i=1}^{m} |w_i^2|,$$

回忆圆型域的定义 2.1.2,容易证明这里给出的 $\Omega(M_n, M_m)$ 是一个圆型域但却不是一个 Reinhardt 域.

定义极小球:

$$\Omega(M_n) := \{z \in \mathbb{C}^n : |z|^2 + |z^2| < 1\} \qquad (2 - 3 - 2)$$

从 $\Omega(M_n, M_m)$ 的构造可以注意到这里的 Hartogs 三角形实际上是由极小球构成的. 对极小球上逆紧全纯映射的刚性和分类问题,Ourimi[91] 给出了如下的结论:

定理 2.3.1[91] 设 $F: \Omega(M_n) \rightarrow \Omega(M_n)$ 是逆紧全纯映射,则 F 是 $W(M_n)$ 的全纯自同构,且 F 可以写成如下形式:$F(z, w) = e^{i\theta} A z$,其中 $\theta \in \mathbb{R}$,$\mathbb{R}$ 是实数集,$A \in \mathcal{O}(n, \mathbb{R})$,$\mathcal{O}(n, \mathbb{R})$ 表示 n 阶的实酉矩阵.

在此基础上,本节的主要定理如下:

定理 2.3.2 设 $F: \Omega(M_n, M_m) \to \Omega(M_n, M_m)$ 是逆紧全纯映射,则 F 是 $W(M_n, M_m)$ 的全纯自同构,且 F 可以写成如下形式:$F(z, w) = (\mathrm{e}^{\mathrm{i}\theta_1} \boldsymbol{A}_1 z, \mathrm{e}^{\mathrm{i}\theta_2} \boldsymbol{A}_2 w)$,其中,$\theta_1, \theta_2 \in \mathbb{R}$,$\mathbb{R}$ 是实数集,$\boldsymbol{A}_1 \in \mathcal{O}(n, \mathbb{R})$;$\boldsymbol{A}_2 \in \mathcal{O}(m, \mathbb{R})$,$\mathcal{O}(n, \mathbb{R})$,$\mathcal{O}(m, \mathbb{R})$ 分别表示 n,m 阶的实酉矩阵.

令 $\partial\Omega(M_n, M_m) = A \bigcup B \bigcup C$,其中

$$A = \{(z, w) \in \mathbb{C}^{n+m} \mid |z|^2 + |z^2| - |w|^2 - |w^2| = 0\},$$

$$B = \{(z, w) \in \mathbb{C}^{n+m} \mid |w|^2 + |w^2| = 1\},$$

$$C = \{0 \in \mathbb{C}^{n+m}\}.$$

显然,$A \bigcap B = B \bigcap C = A \bigcap C = \varnothing$.

令 $H_\infty := \{(z, w) \in B \mid \sum_{i=1}^{m} w_i^2 = 0\}$;$L := \{(z, w) \in B \mid \mathrm{Re}(w_j(\sum_{i=1}^{m} w_i^2)) = 0, j = 1, 2, \cdots, m\}$,则 H_∞ 是实 $2n+2m-1$ 维流形;L 是实 $2n+2m-1$ 维流形.

2.3.2 主要引理

为证明上述定理,我们首先给出一个引理.

引理 2.3.1 如果 $F = (F_1, F_2): W(M_n, M_m) \to W(M_n, M_m)$ 是一个逆紧全纯映射,F_1,F_2 分别表示 F 的前 n 个分量和后 m 个分量. 则 $F(B \backslash (H_\infty \bigcup L)) \subset B$.

证明 $F = (F_1, F_2)$ 是逆紧全纯自映射,容易证明 $B \backslash (H_\infty \bigcup L)$ 是 B 上部分强拟突点的集合,则 F 可以延拓到 $B \backslash (H_\infty \bigcup L)$ 上. 由 F 的逆紧性,$F(B \backslash (H_\infty \bigcup L)) \subset \partial W(M_n, M_m)$,如果引理 2.3.1 不成立,则至少存在一个 $x_0 \in B \backslash (H_\infty \bigcup L)$,使得 $F(x_0) \in A \bigcup C$. 首先证明 $F(x_0) \in A$ 是不可

能的. 如果 $F(x_0) \in A$, 由连续性, 存在 x_0 与 $F(x_0)$ 在 $\mathbb{C}^{n+m}$ 中的开领域 U, V, 使得 $F(U) \subset V$. 现在令 $S = \{(z, w) \in \mathbb{C}^{n+m} \mid \det J_F = 0\}$ 其中 J_F 表示 F 的 Jacobi 方阵, $\det J_F$ 表示矩阵 J_F 的行列式.

$$X: = \left\{ (z, w) \in \mathbb{C}^{n+m} \ \bigg| \ \sum_{j=1}^{m} w_j^2 = 0 \right\} \bigcup \left\{ (z, w) \in \mathbb{C}^{n+m} \ \bigg| \ \sum_{j=1}^{n} z_j^2 = 0 \right\}$$

则 X 表示的是余维数为 1 的解析子集, 今取 $x_1 \in B \backslash X \bigcup F^{-1}(X)$, 则可取 x_1 的一个充分小的领域 U_1, 使得 $F \mid_{U_1} : U_1 \to f(U_1)$ 是双全纯同胚. 由于 F 是逆紧的, 可得 $F \mid_{U_1 \cap B \backslash (H_\infty \cup L)} : U_1 \bigcap B(H_\infty \bigcup L) \to F(U_1 \bigcap B \backslash (H_\infty \bigcup L))$ 上的一个微分同胚, 因此, $(\mid z \mid^2 + \mid z^2 \mid - \mid w \mid^2 - \mid w^2 \mid) \circ F$ 与 $\mid w \mid^2 + \mid w^2 \mid - 1$ 都是 $U_1 \bigcap B \backslash (H_\infty \bigcup L)$ 上的局部定义函数. $\mid w \mid^2 + \mid w^2 \mid - 1$ 的 Levi -形式的系数方阵如下:

$$\begin{bmatrix} 0 & 0 \\ 0 & \delta_{ij} + \dfrac{w_i \overline{w}_j}{\mid w^2 \mid} \end{bmatrix},$$

这是一个 $(n+m) \times (n+m)$ 的方阵, 其中 $1 \leqslant i, j \leqslant m$, 这里, t 表示矩阵的转置, $\delta_{ij} = 1$, 当 $i = j$; $\delta_{ij} = 0$, 当 $i \neq j$.

相似地, $(\mid z \mid^2 + \mid z^2 \mid - \mid w \mid^2 - \mid w^2 \mid) \circ F$ 的 Levi -形式的系数方阵如下:

$$J_F^t \begin{bmatrix} \delta_{kj} + \dfrac{z_k \overline{z}_l}{\mid w^2 \mid} & 0 \\ 0 & \delta_{ij} + \dfrac{w_i \overline{w}_j}{\mid w^2 \mid} \end{bmatrix} \overline{J}_F,$$

这是一个 $(n+m) \times (n+m)$ 的方阵, 其中 $1 \leqslant i, j \leqslant m$, 如果 $z \in \mathbb{C}^n$, 函数 $f(z)$ 的 Levi -形式即为 $\dfrac{\partial^2 f(z)}{\partial z_i \partial z_j}$, $i, j = 1, \cdots, n$, 因此

$$\mathbf{grad}(\mid z \mid^2 + \mid z \mid^2 - \mid w \mid^2 - \mid w \mid^2)$$

$$= \left(\bar{z}_1 + \frac{z_1 \left(\sum_{i=1}^{n} \bar{z}_i^2 \right)}{\mid z \mid^2}, \cdots, \bar{z}_n + \frac{z_n \left(\sum_{i=1}^{n} \bar{z}_i^2 \right)}{\mid z \mid^2} \right.$$

$$\left. - \bar{w}_1 - \frac{w_1 \left(\sum_{i=1}^{n} \bar{w}_i^2 \right)}{\mid w \mid^2}, \cdots, - \bar{w}_m - \frac{w_m \left(\sum_{i=1}^{n} \bar{w}_i^2 \right)}{\mid w \mid^2} \right), \quad (2-3-3)$$

这里,$\mathbf{grad}$ 表示梯度. 考虑方程

$$b_{n+1} \left(\bar{w}_1 + \frac{w_1 \left(\sum_{i=1}^{m} \bar{w}_i^2 \right)}{\mid w^2 \mid} \right) + b_{n+2} \left(\bar{w}_2 + \frac{w_2 \left(\sum_{i=1}^{m} \bar{w}_i^2 \right)}{\mid w^2 \mid} \right) + \cdots +$$

$$b_{n+m} \left(\bar{w}_m + \frac{w_m \left(\sum_{i=1}^{m} \bar{w}_i^2 \right)}{\mid w^2 \mid} \right) = 0, \quad (2-3-4)$$

其中,$b_{n+1}, \cdots, b_{n+m}$ 都是复数. 由于 $m > 1$, 故式 $(2-3-4)$ 有非平凡解.

令 $\xi = (0, \cdots, 0, b_{n+1}, \cdots, b_{n+m})(J_F)^{-1 t} \in \mathbb{C}^{n+m}$,则有

$$\mathbf{grad}((\mid z \mid^2 + \mid z \mid^2 - \mid w \mid^2 - \mid w \mid^2) \circ F)\xi$$

$$= \mathbf{grad}(\mid z \mid^2 + \mid z \mid^2 - \mid w \mid^2 - \mid w \mid^2)J_F J_F^{-1}$$

$$(0, \cdots, 0, b_{n+1}, \cdots, b_{n+m})^t = 0. \quad (2-3-5)$$

式 $(2-3-5)$ 由式 $(2-3-4)$ 得到,另由式 $(2-3-3)$ 可得

$$(0, \cdots, 0, b_{n+1}, \cdots, b_{n+m})J_F^{-1 t}J_F^t \left(\begin{array}{cc} \delta_{kj} + \dfrac{z_k \bar{z}_l}{\mid w^2 \mid} & 0 \\ \\ 0 & \delta_{ij} + \dfrac{w_i \bar{w}_j}{\mid w^2 \mid} \end{array} \right) \bar{J}_F^t \bar{J}_F^{-1}$$

$$(0, \cdots, 0, b_{n+1}, \cdots, b_{n+m})^t = -\sum_{i=1}^{m} \mid b_{n+i} \mid^2 - \frac{1}{\mid w^2 \mid} \sum_{i=1}^{m} \mid b_{n+i} w_i \mid^2 < 0,$$

$$(2-3-6)$$

但

$$L(\mid w \mid^2 + \mid w^2 \mid - 1)(\xi, \xi)$$

$$= (0, \cdots, 0, b_{n+1}, \cdots, b_{n+m})J_F^{-1t} \begin{pmatrix} 0 & 0 \\ 0 & \delta_{ij} + \dfrac{w_i \overline{w}_j}{\mid w^2 \mid} \end{pmatrix} \overline{J}_F^{-1}$$

$$(0, \cdots, 0, \overline{b}_{n+1}, \cdots, \overline{b}_{n+m})^t. \qquad (2-3-7)$$

令 $(0, \cdots, 0, b_{n+1}, \cdots, b_{n+m})J_F^{-1t} = (c_1, \cdots, c_{n+m})$，$c_i \in \mathbb{C}$，$i = 1, \cdots,$
$n + m$，则

$$L(\mid w^2 \mid + \mid w \mid^2 - 1)(\xi, \xi) = \sum_{i=1}^{m} \mid c_{n+i} \mid^2 + \sum_{i=1}^{m} \mid c_{n+i} w_i \mid^2$$

$$(2-3-8)$$

式 $(2-3-6)$ 和式 $(2-3-8)$ 是矛盾的,因为 $U_1 \bigcap B \backslash (H_\infty \bigcup L)$ 的不同定义
函数,对于为其梯度零花的向量在它们的 Levi-形式的作用下只相差一个
正因子. 因此只剩下证明 $F(x_0) \in C$ 同样是不可能,完成定理的证明,亦即
$F(x_0) \neq 0$,如果存在 x_0 的开领域 U,使得 $F((B \backslash (H_\infty \bigcup L)) \bigcap U) \equiv 0.$
但对 $B \backslash (H_\infty \bigcup L)$,若取 $\mid w^2 \mid + \mid w \mid^2 - 1$ 为其定义函数,由于 $B \backslash$
$(H_\infty \bigcup L)$ 上没有 L 上的点,

$$\mathbf{grad}(\mid w^2 \mid + \mid w \mid^2 - 1) = \left[0, \cdots, 0, \overline{w}_1 + \frac{w_1 \sum_{i=1}^{m} \overline{w}_i^2}{\mid w^2 \mid}, \cdots, \right.$$

$$\left. \overline{w}_m + \frac{w_m \sum_{i=1}^{m} \overline{w}_m^2}{\mid w^2 \mid} \right] \neq 0,$$

则 $(B \backslash (H_\infty \bigcup L)) \bigcap U$ 是实 $2(n+m) - 1$ 维的实流形,由 F 全纯,则 F 恒
为 0,这与 F 的定义矛盾,因此存在 x_0 的开领域 U,由连续性与 F 是逆紧
的,则 $F((B \backslash (H_\infty \bigcup L)) \bigcap U) \bigcap A \neq 0$,由前面的证明知道这是不可能

的,证毕. ▪

引理 2.3.2 $F = (F_1, F_2) = (f_1, \cdots, f_n, f_{n+1}, \cdots, f_{n+m})$ 是引理 2.3.1 中的逆紧全纯自映射,其中 $F_1 = (f_1, \cdots, f_n)$,$F_2 = (f_{n+1}, \cdots, f_{n+m})$,则 $F_2 = (f_{n+1}, \cdots, f_{n+m})$ 与 $z = (z_1, \cdots, z_n)$ 无关.

证明 当 $w = (w_1, \cdots, w_m) \in B \backslash (H_\infty \bigcup L)$ 时,$F_2(w) \in B$,亦即

$$\sum_{j=1}^{m} \left| f_{n+j}(z, w) \right|^2 + \left| \sum_{j=1}^{m} f_{n+j}^2 \right| = 1$$

因此作用 $\dfrac{\partial^2}{\partial z_i \partial \bar{z}_i}$,$1 \leqslant i \leqslant n$ 于上式,可得

$$\sum_{j=1}^{m} \left| \frac{f_{n+j}(z, w)}{\partial z_i} \right|^2 = 0 \qquad (2-3-9)$$

由式 $(2-3-9)$ 在 $B \backslash (H_\infty \bigcup L)$ 上成立,可知在 $B \backslash (H_\infty \bigcup L)$ 上,有

$$\frac{f_{n+j}(z, w)}{\partial z_i} \equiv 0, 1 \leqslant i \leqslant n, 1 \leqslant j \leqslant m \qquad (2-3-10)$$

由 $B \backslash (H_\infty \bigcup L)$ 是 $2(n+m)-1$ 维的实流形与 $\dfrac{f_{n+j}}{\partial z_i} \equiv 0$,$1 \leqslant i \leqslant n$,是全纯的,可知式 $(2-3-10)$ 在整个 $\Omega(M_n, M_m)$ 上成立,完成证明. ▪

引理 2.3.3 F_2 可以写成如下形式:$F_2(z, w) = F_2(w) = (e^{i\theta_2} \boldsymbol{A}_2)$,其中,$\theta_2 \in \mathbb{R}$,$\boldsymbol{A}_2 \in \mathcal{O}(n, \mathbb{R})$.

证明 设 $F = (F_1, F_2): \Omega(M_n, M_m) \to \Omega(M_n, M_m)$ 是逆紧全纯自映射,由引理 2.3.2 知 $F_2 = (f_{n+1}, \cdots, f_{n+m})$ 与 $z = (z_1, \cdots, z_n)$ 无关,于是,F_2 是 $\{w \in \mathbb{C}^m \mid 0 < |w|^2 + |w^2| < 1\}$ 上的逆紧全纯自映射,由黎曼延拓原理,F_2 可以向内全纯延拓到 0 点,延拓后

$$F_2: \{w \in \mathbb{C}^m \mid 0 < |w|^2 + |w^2| < 1\}$$

$$\to \{w \in \mathbb{C}^m \mid 0 < |w|^2 + |w^2| < 1\}$$

是全纯映射,而由 $F_2(B\backslash(H_\infty\bigcup L))\in B$, 且当 $\Omega(M_n,M_m)$ 上的点 (z,w) $\to H_\infty\bigcup L$ 时,由 F 的逆紧性知 $F(z,w)\to B$, 即 $F_2(z,w)\to B$, 因此, F_2 就是上述区域之间的逆紧全纯映射,由文献[91]知 F_2 是双全纯映射,且 $\Omega(M_m)$ 的全纯自同构集 $\mathrm{Aut}(\Omega(M_m))=\{\mathrm{e}^{\mathrm{i}\theta}\boldsymbol{A}\mid\theta\in\mathbb{R},\boldsymbol{A}\in\mathcal{O}(n,\mathbb{C})\}$, 因此, F_2 可以写成如下形式:

$$F_2(z,w)=F_2(w)=\mathrm{e}^{\mathrm{i}\theta_2}\boldsymbol{A}_2$$

其中, $\theta_2\in\mathbb{R}$, $\boldsymbol{A}_2\in\mathcal{O}(n,\mathbb{R})$, F_2 即为极小球之间的自同构映射,证毕. ■

引理 2.3.4　F_2 如引理 2.3.1 所述,则进一步对任意固定的 w: $0<|w|^2+|w^2|\leqslant 1$, 在 $\{z\in\mathbb{C}^n\mid|z|^2+|z^2|<|w|^2+|w^2|\}$ 上则有 $|F_2|^2+|F_2^2|=|w|^2+|w^2|$.

证明　任取 $w_0\in\mathbb{C}^m$: $0<|w_0|^2+|w_0^2|\leqslant 1$, 令 $\lambda=\dfrac{1}{|w_0|^2+|w_0^2|}$, 则 $\lambda w_0\in B$, $F_2(\lambda w_0)\in B$, 即

$$|F_2(\lambda w_0)|^2+|F_2^2(\lambda w_0)|=|\lambda w_0|^2+|(\lambda w_0)^2|=1$$

$$(2-3-11)$$

由引理 2.3.3, $F_2(z,w)=F_2(w)=\mathrm{e}^{\mathrm{i}\theta_2}\boldsymbol{A}_2$, 其中, $\theta_2\in\mathbb{R}$, $\boldsymbol{A}_2\in\mathcal{O}(n,\mathbb{R})$. 则由式(2-3-11)即 $|\lambda\mathrm{e}^{\mathrm{i}\theta_2}\boldsymbol{A}_2 w_0|^2+|(\lambda\mathrm{e}^{\mathrm{i}\theta_2}\boldsymbol{A}_2 w_0)^2|=|\lambda w_0|^2+|(\lambda w_0)^2|=1$ 即 $|\mathrm{e}^{\mathrm{i}\theta_2}\boldsymbol{A}_2 w_0|^2+|(\mathrm{e}^{\mathrm{i}\theta_2}\boldsymbol{A}_2 w_0)^2|=|w_0|^2+|w_0^2|=1$ 即 $|F_2(w_0)|^2+|F_2^2(w_0)|=|w_0|^2+|w_0^2|=1$. 证毕. ■

2.3.3　定理证明

定理 2.3.2 的证明:

第一步,由引理 2.3.3, F_2 可以写成如下形式:

$$F_2(z, w) = F_2(w) = \mathrm{e}^{\mathrm{i}\theta_2} \boldsymbol{A}_2,$$

其中,$\theta_2 \in \mathbb{R}$,$\boldsymbol{A}_2 \in \mathcal{O}(n, \mathbb{R})$.

第二步,由引理 2.3.4,对任意固定的 $0 < |w|^2 + |w^2| \leqslant 1$,在 $\{z \in \mathbb{C}^n \mid |z|^2 + |z^2| < |w|^2 + |w^2|\}$ 上,则有 $|F_2|^2 + |F_2^2| = |w|^2 + |w^2|$. 于是限制 F_1 于 $\{z \in \mathbb{C}^n \mid |z|^2 + |z^2| < |w|^2 + |w^2|\}$ 上将得到一个逆紧全纯映射,记之为 $f' : \{z \in \mathbb{C}^n \mid |z|^2 + |z^2| < |w|^2 + |w^2|\} \to \{z \in \mathbb{C}^n \mid |z|^2 + |z^2| < |w|^2 + |w^2|\}$. 视 $|w|^2 + |w^2|$ 为常数,则 $\theta : \{z \in \mathbb{C}^n \mid |z|^2 + |z^2| < |w|^2 + |w^2|\} \to \Omega(M_m) : \{z \in \mathbb{C}^m \mid |z|^2 + |z^2| < 1\}$,

$$\theta(z) = \left(\frac{z_1}{(|w|^2 + |w^2|)^{\frac{1}{2}}}, \cdots, \frac{z_n}{(|w|^2 + |w^2|)^{\frac{1}{2}}} \right)$$

是一个双全纯映射,从而 $\theta \circ f' \circ \theta^{-1} : \Omega(M_m) \to \Omega(M_m)$ 是一个逆紧全纯映射,由文献 [91] 知,$\theta \circ f' \circ \theta^{-1} \in \mathrm{Aut}(\Omega(M_m)) =: S^1 \mathcal{O}(n, \mathbb{R}) = \{\mathrm{e}^{\mathrm{i}\theta} \boldsymbol{A} \mid \theta \in \mathbb{R}, \boldsymbol{A} \in \mathcal{O}(n, \mathbb{R})\}$ 故 $f' = \mathrm{e}^{\mathrm{i}\theta_1} \boldsymbol{A}_1$,其中,$\theta_1 \in \mathbb{R}$,$\boldsymbol{A}_1 \in \mathbb{R}$,$\boldsymbol{A}_1 \in \mathcal{O}(n, \mathbb{R})$,因此 F 可以写成如下形式:

$$F(z, w) = (\mathrm{e}^{\mathrm{i}\theta_1} \boldsymbol{A}_1 Z, \mathrm{e}^{\mathrm{i}\theta_2} \boldsymbol{A}_2 W)$$

其中,$\theta_1, \theta_2 \in \mathbb{R}$;$\boldsymbol{A}_1 \in \mathcal{O}(n, \mathbb{R})$,$\boldsymbol{A}_2 \in \mathcal{O}(M, \mathbb{R})$. 定理 2.3.2 证明完毕.

本定理给出了 $\mathbb{C}^{n+m}$ 空间中特殊圆型域上逆紧全纯映射的刚性和分类及其全纯自同构的表达式. 对于这种具体域的研究本文还是第一次,因此具有一定的代表性. 通过对前两节的比较,可以发现此类 Hartogs 域上的逆紧全纯映射的特征都具有一定的相似性.

第3章

不等维条件下特殊 Hartogs 三角形上的逆紧全纯映射

上一章我们主要介绍了等维特殊有界域之间逆紧全纯映射的刚性和分类,本章我们将介绍特殊不等维有界域之间逆紧全纯映射的一些性质.主要包括不等维特殊 Hartogs 三角形之间逆紧全纯映射的存在性问题和分类问题,从而将前人有关等维特殊 Hartogs 三角形之间逆紧全纯映射的相关性质推广到了不等维的情景.我们首先回顾一下不等维有界域间逆紧全纯映射的研究进展.

3.1 不等维有界域之间的逆紧全纯映射

对于不等维有界域的研究早在 20 世纪 70 年代开始,最具有代表性的就是对不等维高维空间中的单位球面之间的 CR 映射和单位球之间的逆紧全纯映射的研究.

根据 Bochner 理论,任何一个定义于 $\mathbb{C}^n$ 中的单位球面目 $\partial\mathbb{B}^n$ 上的全纯 (CR) 函数都可以全纯向内延拓到整个单位球 $\mathbb{B}^n$ 上. 因此,从 $\partial\mathbb{B}^n$ 到 $\partial\mathbb{B}^n$ 上的任意非常值全纯映射都可以延拓为从 $\mathbb{B}^n$ 到 $\mathbb{B}^n$ 的逆紧全纯映射. 为了方

便表示,在本章中,我们记

(1) $\mathrm{Prop}(\mathbb{B}^n, \mathbb{B}^N)$, $1 < n \leqslant N$ 表示所有从$\mathbb{B}^n$到$\mathbb{B}^N$的逆紧全纯映射的集合.

(2) $\mathrm{Prop}_k(\mathbb{B}^n, \mathbb{B}^N)$, $1 < n \leqslant N$ 表示所有从$\mathbb{B}^n$到$\mathbb{B}^N$的C^k光滑到边界的逆紧全纯映射的集合.

(3) $\mathrm{Rat}(\mathbb{B}^n, \mathbb{B}^N)$, $1 < n \leqslant N$ 表示所有从$\mathbb{B}^n$到$\mathbb{B}^N$的有理逆紧全纯映射的集合.

下面给出 Poncare-Tanake-Chern-Moser 关于单位球上逆紧全纯映射的刚性定理:

定理 3.1.1[54]   若$f \in \mathrm{Prop}(\mathbb{B}^n, \mathbb{B}^n)$,且$f$全纯延拓过单位球的边界$\partial \mathbb{B}^n$,则$f$是单位球$\mathbb{B}^n$的全纯自同构,即 $f \in \mathrm{Aut}(\mathbb{B}^n)$.

很多年以来,人们一直考虑定理中映射f全纯延拓过单位球的边界$\partial \mathbb{B}^n$的条件是否是必需的,1974 年,H. Alexander 解决了人们这一难题:

定理 3.1.2[51, 52]   若$f \in \mathrm{Prop}(\mathbb{B}^n, \mathbb{B}^n)$,则$f$是单位球$\mathbb{B}^n$的全纯自同构,即 $f \in \mathrm{Aut}(\mathbb{B}^n)$.

对$\mathbb{C}^n$复空间中的仿射复直线L,在单位球$\mathbb{B}^n$的 Kobayashi 双曲度量下,$L \cap \mathbb{B}^n$是$\mathbb{B}^n$的复测地线,并且在单位球的全纯自同构将测地线映为测地线. Alexander 的结论告诉我们$\mathbb{B}^n$上的全纯自同构将其上的测地线映为测地线.

定义 3.1.1   一般来说,我们称一个从$\partial \mathbb{B}^n$到$\partial \mathbb{B}^N$的映射为线性映射或者为完全测地嵌入,当且仅当这个映射将$\mathbb{B}^n$上的复测地线映到$\mathbb{B}^N$上的复测地线.

Webster 是世界上第一个注意到不等维有界域之间逆紧全纯映射的集合结构的人. 他早在 1979 年就给出了这样一个结果:

定理 3.1.3   若f是单位球$\mathbb{B}^n$到$\mathbb{B}^N$上的一个逆紧全纯映射,这里,$n > 2$,且f三阶可微到边界,则这样的映射f必为一个完全测地嵌入.

在此之后,世界上许多的数学家都深受此结论启发,在此基础上出现了很多的结果. 1983 年,Cima-Suffridge[70] 将 Webster 定理中映射在边界上的三阶可微条件弱化到二阶可微. 之后在 1986 年,Faran 在他的文章[69] 中指出

定理 3.1.4　若映射 f 是单位球 $\mathbb{B}^n$ 到 $\mathbb{B}^N\,(N < 2n-1)$ 上的一个逆紧全纯映射,且 f 在边界上解析,则这样的映射 f 必为一个完全测地嵌入.

Forstneric[42] 证明了:

定理 3.1.5　若映射 f 是单位球 $\mathbb{B}^n$ 到 $\mathbb{B}^N\,(N < 2n-1)$ 上的有理逆紧全纯映射,如果是 C^{N-n+1} 正则到边界,则这样的映射 f 必为一个完全测地嵌入.

这个结论中对两个球之间的维数关系没有特殊的限制,但是对映射的正则性提出了新的要求. 因此后来有人就猜想这样两个单位球之间的逆紧全纯映射是否满足超正则性条件,即如果我们给出的逆紧全纯映射是 C^t 光滑到边界,这里的 t 与两球的维数无关,则这样的映射是否也是一个完全测地嵌入.

20 世纪 80 年代后,Alexanderoff,Harkim-Sibony[81],Low,Forstneic[39],Dor[7],Stensones 等人发现了用内涵数构造从单位球 $\mathbb{B}^n$ 到 $\mathbb{B}^N$ 的逆紧全纯映射,且构造出的映射在边界上的任何一个点都达不到 C^2 光滑的性质.

Huang 在 1999 年的论文[57] 和其 2003 年的论文[56] 考虑了上文中人们提出的不等维球之间逆紧全纯映射的线性性. 在 1999 年的文献 [57] 中,他证明了下述定理.

定理 3.1.6[57]　若 f 是一个从单位球 $\mathbb{B}^n\,(n \geqslant 3)$ 到 $\mathbb{B}^N\,(N < 2n-1)$ 的逆紧全纯嵌入映射,如果 f 能够 C^2 到边界,则此映射必为线性映射. 其中所用的方法不同于前面提到的映射构造法,并且通过他的证明,首次告诉我们定理所需要的映射的正则性与不等维球上的维数无关. 其文中所涉及的证明方法对相关领域的研究非常有用. 比如说,2005 年,Hamada[64]

正式利用其方法证明了所有从单位球$\mathbb{B}^n$到$\mathbb{B}^{2n}$,$n \geqslant 3$的逆紧全纯映射所组成的集合,在相差一个单位球的自同构意义下就是 D'Angelo 集.

此后,Huang 和 Ji[58] 将所有能够 C^2 到边界的,从单位球$\mathbb{B}^n$到$\mathbb{B}^N$,$N = 2n - 1$ 的逆紧全纯映射进行了分类,阐述了这样的逆紧全纯映射可以分为两类,第一类就是我们上述的线性映射,还有一类是 Whitney 映射,其具体表示为:$W: z = (z_1, \cdots, z_n) \rightarrow (z_1, \cdots, z_{n-1}, z_n z)$(定理 1[58]).由于 Whitney 映射不是一个浸入映射,因此如果给上述定理加上一个适当的条件,则结果即为:

定理 3.1.7[58]　若 f 是一个从单位球$\mathbb{B}^n$到$\mathbb{B}^N$,$N = 2n - 1 > 2$ 的逆紧全纯嵌入映射,如果 f 能够 C^2 到边界,则此映射必为线性映射.

上面我们讨论的都是 $N \leqslant 2n - 1$ 的情况,当 $N > 2n - 1$,映射的结构就复杂得多.从以上定义可以知道,如果一个映射 f 是线性的,那么 f 一定等价于嵌入映射 $L(z): z \rightarrow (z, 0)$.Faran1983 年在文献[68]中给出了从单位球$\mathbb{B}^2$到$\mathbb{B}^3$的逆紧全纯映射的分类,他的定理告诉我们该映射是在边界上三阶连续可微,则其可以分成四个不同的等价类.

当 $N \geqslant 2n$ 时,即使是映射的嵌入条件也难以得到逆紧全纯映射的线性性.为了解决这一问题,Huang 在文献[56]中给出了一个 k 线性定义:

定义 3.1.2　令 f 是从单位球$\mathbb{B}^n$到$\mathbb{B}^N$的逆紧全纯映射,对任意的 $p \in \mathbb{B}^n$,存在一个 k 维仿射复子空间 $S_p^k \subset \mathbb{C}^n$ 穿过 p 点,使得对任意的仿射复直线 $L \subset S_p^k$,$F(L \cap \mathbb{B}^n)$ 包含于 $\mathbb{C}^N$ 中的某条复直线内,则我们称 f 是 k 线性.

在此基础上,Huang 得到了如下结果:

定理 3.1.8[56]　若 f 是一个从单位球$\mathbb{B}^n$到$\mathbb{B}^N$的逆紧全纯映射,且 f 能够 C^3 到边界,令 $P(n, k) = \dfrac{k(2n - k - 1)}{2}$,如果 $1 \leqslant k \leqslant n - 1$;$N - n < P(n, k)$,则此映射为 $(n - k + 1)$ 线性映射.

上述定理中的条件 $N-n < P(n,k)$ 是必要的,因为有例为证,如果 $N-n \geqslant P(n,k)$,映射的 $(n-k+1)$ 线性映射得不到保证. 由于对仿射复子空间 $S \subset \mathbb{C}^n$,任何一个单位球 $\mathbb{B}^n$ 到 $\mathbb{B}^N$ 的逆紧全纯映射 f,只要 f 限制于 S 是一个线性分式映射,都将仿射复圆盘 $S \bigcap \mathbb{C}^n$ 映到 $\mathbb{B}^N$ 中的仿射复圆盘,因此又有如下结论:

定理 3.1.9[56]　若 f 是一个从单位球 $\mathbb{B}^n$ 到 $\mathbb{B}^N$ 的逆紧全纯映射,且 f 能够 C^3 到边界,令 $P(n,k) = \dfrac{k(2n-k-1)}{2}$,如果 $1 \leqslant k \leqslant n-1$;$N-n < P(n,k)$,则对任意的点 $p \in \mathbb{B}^n$,都可以找到 $\sigma_p \in \text{Aut}(\mathbb{B}^n)$,$\tau_p \in \text{Aut}(\mathbb{B}^N)$ 使得

$$\tau_p \circ f \circ \sigma_p(z_1, \cdots, z_{n-k+1}, 0, \cdots, 0) = (z_1, \cdots, z_{n-k+1}, 0, \cdots, 0).$$

在最近的文章中,Huang,Ji 和 Xu 发现了全纯映射的一个新的现象:

定理 3.1.10[61]　若 f 是一个从单位球 $\mathbb{B}^n$ 到 $\mathbb{B}^N$ 的逆紧全纯映射,且 f 能够 C^3 到边界,假设 $4 \leqslant n \leqslant N \leqslant 3n-4$,则对某个 $\theta \in \left[0, \dfrac{\pi}{2}\right]$ 此映射等价于

$$\begin{aligned}
f'_\theta: &= (f_\theta(z,w), 0, \cdots, 0) \\
&= (z, w\cos\theta, z_1 w\sin\theta, \cdots, z_{n-1} w\sin\theta, w^2\sin\theta, 0, \cdots, 0).
\end{aligned}$$

有趣的是,当 N 间于 $2n$ 和 $3n-4$ 之间时,上述的逆紧全纯映射没有新的等价类出现. 为了更好地阐述不等维球之间的逆紧全纯映射,Huang 在文献[56]中引入了映射的几何秩概念. 即对于任意的映射 $f \in Prop_2(\mathbb{B}^n, \mathbb{B}^N)$,存在一个与此映射有关的常值整数 $k_0 \in \{0, \cdots, n-1\}$,此常数即为几何秩. 由于此概念的引入较为复杂,本章暂不展开详述,有兴趣的读者可以参考文献[56]. 根据几何秩的定义,定理 3.1.6 可以转述为逆紧全纯映射满足定理条件,则其几何秩为 0 当且仅当此映射是一个线性映射.

给出了几何秩的概念之后,Huang 研究了几何秩与 k 线性的关系,几何秩与有理映射的关系等问题,这里我们列出几个相应的结果:

定理 3.1.11[56] 若 $f \in \text{Prop}_3(\mathbb{B}^n, \mathbb{B}^N)$ 其几何秩 $k_0 \leqslant n-2$,则 f 是 $n-k_0$ 线性.

定理 3.1.12[61] 若 $f \in \text{Prop}_3(\mathbb{B}^n, \mathbb{B}^N)$ 其几何秩 $k_0 \leqslant n-1$,则 f 是有理映射.

定理 3.1.13[56] 若 $f \in \text{Prop}_3(\mathbb{B}^n, \mathbb{B}^N)$,$N \leqslant \dfrac{n(n+1)}{2}$,则 f 是有理映射.

当 $k_0 \leqslant n-2$ 时,映射 $f \in \text{Prop}_3(\mathbb{B}^n, \mathbb{B}^N)$,$n \geqslant 3$ 有非常特殊的结构. 文献[62]给出了关于此映射的最新结果:

定理 3.1.14[62] 若 f 是一个从单位球 $\mathbb{B}^n$ 到 $\mathbb{B}^N$ 的非线性逆紧全纯映射,且 f 能够 C^3 到边界同时满足其几何秩 $k_0 \leqslant n-2$,假设 $3 \leqslant n \leqslant N$,则此映射等价于

$$H := (z_1, \cdots, z_{k^0}, H_1, \cdots, H_{N-k^0}),$$

其中,$k^0 = n - k_0$,$H_j = \sum_{l=k^0+1}^{n} z_l H_{j,l}$,$H_{j,l}$ 是定义于 $\overline{\mathbb{B}^n}$ 上的全纯函数,并且满足:存在一个从单位球 $\mathbb{B}^n$ 到 $\mathbb{B}^{N-n+1}$ 的有理逆紧全纯映射 h,使得当 $k_0 = 1$ 时,$(H_1, \cdots, H_{N-n+1}) = z_n h$. 且这里的 H, h 在超平面 $z_n =$ 常数时都是仿射线性映射.

在此基础上,他们又得到如下推论:

定理 3.1.15[60] 若 $f \in Prop_3(\mathbb{B}^n, \mathbb{B}^N)$ 其几何秩 $k_0 = 1$,假设 $3 \leqslant n \leqslant N = 3n-3$,则对某个 $\theta \in \left[0, \dfrac{\pi}{2}\right]$ 此映射等价于

$$f'_\theta := (f_\theta(z, w), 0, \cdots, 0)$$
$$= (z, w\cos\theta, z_1 w\sin\theta, \cdots, z_{n-1} w\sin\theta, w^2\sin\theta, 0, \cdots, 0).$$

基于前人关于不等维单位球上逆紧全纯映射的研究，我们得到了非光滑边界的不等维特殊 Hartogs 三角形之间逆紧全纯映射的分类.

3.2　特殊的不等维 Hartogs 三角形 之间逆紧全纯映射的分类

本节我们将讨论一类不等维特殊 Hartogs 三角形之间逆紧全纯映射，并且给出其之分类. 利用定理 3.1.6，我们将对 Hartogs 三角形之间逆紧全纯映射性质的研究推向了不等维 Hartogs 三角形上去. 事实上，对于不等维 Hartogs 三角形之间逆紧全纯映射的研究是韩静在她的博士论文中提出的.

3.2.1　定义及主要定理

首先，我们给出这特殊 Hartogs 三角形的定义：

$$\Omega(n, m) = \left\{ (z, w) \in \mathbb{C}^{n+m} : 0 < \sum_{i=1}^{n} |z_i|^2 < \sum_{j=1}^{m} |w_j|^2 < 1 \right\}$$

$$\Omega(N, M) = \left\{ (z', w') \in \mathbb{C}^{N+M} : 0 < \sum_{i=1}^{N} |z_i'|^2 < \sum_{j=1}^{M} |w_j'|^2 < 1 \right\}$$

其中

$$1 < n < N < \min\{n+m-1, 2n-1\}, \ 1 < m < M < 2m-1,$$

$$(*)$$

记

$$|z|^2 := \sum_{i=1}^{n} |z_i|^2, \quad |w|^2 := \sum_{j=1}^{m} |w_j|^2,$$

$$| z' |^2 := \sum_{i=1}^{N} | z'_i |^2 , \quad | w' |^2 := \sum_{j=1}^{M} | w'_j |^2 .$$

本节的主要结果如下：

定理 3.2.1 令 $\Omega(n, m)$ 和 $\Omega(N, M)$ 表示如上定义出的 Hartogs 三角形，且满足 $(*)$ 式. 令 $F: \Omega(n, m) \to \Omega(N, M)$ 是一个逆紧全纯映射，在边界上二阶连续可微，则定存在 $\sigma \in \mathrm{Aut}(\Omega(n, m))$ 和 $\tau \in \mathrm{Aut}(\Omega(N, M))$，使得：

$$\tau \circ F \circ \sigma(z, w) = (z_1, \cdots, z_n, \underbrace{0, \cdots, 0}_{N-n}, w_1, \cdots, w_m, \underbrace{0, \cdots, 0}_{M-m}).$$

3.2.2 主要引理

令 $F = (F_1, F_2): \Omega(n, m) \to \Omega(N, M)$ 是一个逆紧全纯映射，其中，$F_1 = (f_1, \cdots, f_N)$，$F_2 = (f_{N+1}, \cdots, f_{N+M})$. 令 $\partial\Omega(n, m) = A \bigcup B \bigcup C$，其中，

$$A = \{(z, w) \in \mathbb{C}^{n+m} \,|\, | z |^2 - | w |^2 = 0, \, | z |^2 \neq 0, \, | w |^2 \neq 1\},$$

$$B = \{(z, w) \in \mathbb{C}^{n+m} \,|\, | w |^2 = 1\},$$

$$C = \{0 \in \mathbb{C}^{n+m}\}.$$

显然，$A \bigcap B = B \bigcap C = A \bigcap C = \varnothing$.

同理，$\partial\Omega(N, M) = A' \bigcup B' \bigcup C'$，其中，

$$A' = \{(z', w') \in \mathbb{C}^{N+M} \,|\, | z' |^2 - | w' |^2 = 0, \, | z' |^2 \neq 0, \, | w' |^2 \neq 1\},$$

$$B' = \{(z', w') \in \mathbb{C}^{N+M} \,|\, | w' |^2 = 1\},$$

$$C' = \{0 \in \mathbb{C}^{N+M}\}.$$

同样可以得到 $A' \bigcap B' = B' \bigcap C' = A' \bigcap C' = \varnothing$.

引理 3.2.1 $F = (F_1, F_2): \Omega(n, m) \to \Omega(N, M)$ 是一个逆紧全纯映射,在边界上二阶连续可微,则 $F(B) \subset B'$.

证明 由于 F 是一个逆紧映射,在边界上二阶连续可微,因此 $F(B) \subset \partial\Omega(N, M)$.

如果存在 $x_0 \in B$,使得 $F(x_0) \in A'$,则由 F 的连续性,存在 x_0 的一个 $\mathbb{C}^{n+m}$ 中的开集 U 和 $F(x_0)$ 在 $\mathbb{C}^{N+M}$ 中的开集 V,使得 $F(U) \subset V$.

令

$$S = \{(z, w) \in \partial\Omega(n, m): rank(\boldsymbol{J}_F) < n + m\},$$

其中,$\boldsymbol{J}_F$ 表示 F 的 Jacobi 矩阵. 选取 $x_1 \in B \backslash S$,则我们可以找 x_1 的一个合适的开集 U_1 使得 $F | U_1: U_1 \to F(U_1)$ 满秩,那么,$(|z'|^2 - |w'|^2) \circ F$ 和 $|w|^2 - 1$ 都是 $U_1 \bigcap B$ 的局部定义函数.

$|w|^2 - 1$ 和 $(|z'|^2 - |w'|^2) \circ F$ Levi -形式的系数矩阵分别如下:

$$\begin{bmatrix} 0 & 0 \\ 0 & I_m \end{bmatrix} \quad 和 \quad (\boldsymbol{J}_F)^t \begin{bmatrix} I_n & 0 \\ 0 & -I_M \end{bmatrix} (\bar{\boldsymbol{J}}_F), \qquad (3-2-1)$$

其中,$(\boldsymbol{J}_F)^t$ 是一个定义于 $U_1 \bigcap B$ 上 $(n+m) \times (N+M)$ 阶的满秩矩阵. 则 $(\boldsymbol{J}_F)^t$ 可以如下表示:

$$(\boldsymbol{J}_F)^t = \boldsymbol{R}(0, \boldsymbol{I}_{m+n})\boldsymbol{V}, \qquad (3-2-2)$$

其中,$\boldsymbol{R}$ 和 $\boldsymbol{V}$ 分别是 $(n+m) \times (n+m)$ 和 $(N+M) \times (N+M)$ 阶非退化矩阵,$\boldsymbol{I}_{n+m}$ 是 $(n+m) \times (n+m)$ 阶单位阵.

令

$$\boldsymbol{V} = \begin{bmatrix} \boldsymbol{V}_1 & \boldsymbol{V}_2 \\ \boldsymbol{V}_3 & \boldsymbol{V}_4 \end{bmatrix}, \qquad (3-2-3)$$

其中，V_1 是一个 $(N+M-n-m) \times N$ 阶矩阵，V_4 是一个 $(n+m) \times (M)$ 阶矩阵.

令

$$\boldsymbol{\eta} = (0, \cdots, 0, b_1, \cdots, b_{n+m})_{1 \times (N+M)},$$

$$\boldsymbol{\eta}_1 = (b_1, \cdots, b_{n+m})_{1 \times (n+m)},$$

我们考虑如下方程：

$$
\begin{cases}
\boldsymbol{\eta}_1 \boldsymbol{V}_3 = (\underbrace{0, \cdots, 0}_{N}) \\
\mathbf{grad}(\mid w \mid^2 - 1)(\boldsymbol{R}^{-1})^t (0 \quad \boldsymbol{I})_{(n+m) \times (N+M)} \boldsymbol{\eta}^t = 0
\end{cases}
\tag{3-2-4}
$$

其中，

$$\mathbf{grad}(\mid w \mid^2 - 1) = (0, \cdots, 0, \overline{w_1}, \cdots, \overline{w_m}),$$

式(3-2-4)中有 $n+m$ 个变量和 $N+1$ 个一阶方程. 根据(＊)的假设，存在式(3-2-4)的非零解. 因为 $\boldsymbol{\eta}_1$ 非零且 $\boldsymbol{\eta}_1 \boldsymbol{V}_3 = \boldsymbol{0}$，故 $\boldsymbol{\eta}_1 \boldsymbol{V}_4 = (d_1, \cdots, d_M) \neq \boldsymbol{0}.$

令

$$\boldsymbol{\xi} = \boldsymbol{\eta} \begin{bmatrix} 0 \\ I \end{bmatrix}_{(N+M) \times (n+m)} \boldsymbol{R}^{-1} = (c_1, \cdots, c_{n+m}).$$

从式(3-2-4)，我们得到 $\mathbf{grad}(\mid w \mid^2 - 1)\boldsymbol{\xi}^t = 0.$ 另一方面，从 $\mid w \mid^2 - 1$ 的 Levi-形式的系数矩阵得到

$$L(\mid w \mid^2 - 1)(\boldsymbol{\xi}, \boldsymbol{\xi}) = (c_1, \cdots, c_{n+m}) \begin{bmatrix} 0 & 0 \\ 0 & I_m \end{bmatrix} (\bar{c}_1, \cdots, \bar{c}_{n+m})^{\mathrm{T}} \geqslant 0.$$

$$\tag{3-2-5}$$

从 $\boldsymbol{\xi}$ 的表示可知，

$$\xi(\boldsymbol{J}_F)^t = \boldsymbol{\eta} \begin{pmatrix} 0 & 0 \\ \boldsymbol{V}_3 & \boldsymbol{V}_4 \end{pmatrix} = \underbrace{(0, \cdots, 0, d_1, \cdots, d_M)}_{N+M} \quad (3-2-6)$$

则

$$L((\mid z' \mid^2 - \mid w' \mid^2) \circ F)(\boldsymbol{\xi}, \boldsymbol{\xi}) = \xi(\boldsymbol{J}_F)^t \begin{pmatrix} I_N & 0 \\ 0 & -I_M \end{pmatrix} (\boldsymbol{J}_F) \xi^t$$

$$= -\sum_{j=1}^M \mid d_j \mid^2 < 0. \quad (3-2-7)$$

但是这是不可能的. 因为 $\mid w \mid^2 - 1$ 和 $(\mid z' \mid^2 - \mid w' \mid^2) \circ F$ 都是 B 的局部定义函数, 他们的 Levi-形式 $L(\mid w \mid^2 - 1)$, $L((\mid z' \mid^2 - \mid w' \mid^2) \circ F)$ 只可能相差一个正因子, 故式 $(3-2-5)$, 式 $(3-2-7)$ 导出矛盾. 因此, 我们假设 $F(x_0) \in A'$ 是不成立的.

下面证明 $x_0 \in B$, $F(x_0) \in C'$ 同样也是不可能的. 如果 $x_0 \in B$, $F(x_0) = 0$, 且存在 x_0 的一个领域 U, 使得 $F(B \cap U) \equiv 0$. 因为 $B \cap U$ 是 $\Omega(n, m)$ 中的 $2(n+m) - 1$ 维的实流形, 则在 $\Omega(n, m)$ 中 $F \equiv 0$, 由 F 的定义, 这是不可能的. 否则存在 x_0 的领域 U, 由 F 的连续性, $F((B \backslash S) \cap U) \cap A' \neq \varnothing$ 也是不可能的, 因此, 证明了 $x_0 \in B$, $F(x_0) \in C'$. 故我们完成了引理 3.2.1 的证明. ∎

引理 3.2.2　$F = (F_1, F_2)$ 如引理 3.2.1 所述, 则 F_2 与 $z = (z_1, \cdots, z_n)$ 无关.

证明　令 $w = (w_1, \cdots, w_m) \in B$. 由引理 3.2.1, 我们有 $F(B) \subset B'$, 即

$$\sum_{j=1}^M \mid F_{N+j}(z, w) \mid^2 = 1. \quad (3-2-8)$$

作用 $\sum_{k=1}^n \dfrac{\partial^2}{\partial z_k \partial \bar{z}_k}$ 于式 $(3-2-8)$, 则我们可以得到

$$\sum_{k=1}^{n} \sum_{j=1}^{M} \left| \frac{\partial F_{N+j}(z, w)}{\partial z_k} \right|^2 = 0.$$

因此，在 B 上

$$\frac{\partial F_{N+j}(z, w)}{\partial z_k} \equiv 0, \ 1 \leqslant k \leqslant n; \ 1 \leqslant j \leqslant M.$$

由于 B 是 $\Omega(n, m)$ 中的一个 $2(n+m)-1$ 维的实流形，且 $\dfrac{\partial F_{N+j}}{\partial z_k}$ 是一个全纯函数，在 $\Omega(n, m)$ 上满足 $\dfrac{\partial F_{N+j}}{\partial z_k} \equiv 0, \ 1 \leqslant k \leqslant n; \ 1 \leqslant j \leqslant M$，这就意味着 F_2 与 z 无关.

■

3.2.3 定理证明

证明 **第一步** 选定一个点 w_0，满足 $|w_0|^2 = 1$，从引理 3.2.1 和引理 3.2.2，我们可以得到 $|F_2(w_0)|^2 = 1$. 令

$$F_{w_0} : \{z \in \mathbb{C}^n : 0 < |z|^2 < |w_0|^2 = 1\} \rightarrow$$

$$\{z' \in \mathbb{C}^N : 0 < |z'|^2 < |F_2(w_0)|^2 = 1\},$$

从中可以知道这是一个逆紧全纯映射. 由于 $F_{w_0} : B \rightarrow B'$，则 $\forall z_n \rightarrow 0$，其中 $z_n \in \{z \in \mathbb{C}^n : 0 < |z|^2 < |w_0|^2 = 1\}$，$F_{w_0}(z_n) \rightarrow 0$. 否则，$F_{w_0}(z_n) \rightarrow B'$. 根据 Hartogs 延拓定理，可以延拓 F_{w_0} 且为了方便起见，还是令 F_{w_0} 为延拓后的映射.

$$F_{w_0} : \{z \in \mathbb{C}^n : |z|^2 < |w_0|^2 = 1\}$$

$$\rightarrow \{z' \in \mathbb{C}^N : |z'|^2 \leqslant |F_2(w_0)|^2 = 1\}.$$

如果 $F_{w_0}(z_n) \to B'$，则 $|F_{w_0}(0)| = 1$，这与调和函数边界极大值性矛盾. 因此 $|F_{w_0}(0)| = 0$.

由定理 3.1.6，我们可以得到

$$F_{w_0} = \theta_2(\underbrace{\theta_1 z}_{n}, \underbrace{0, \cdots, 0}_{N-n}), \qquad (3-2-9)$$

其中，$\theta_1 \in \text{Aut}(B_n)$，$\theta_2 \in \text{Aut}(B_N)$. 利用单位球自同构的具体表示式，且 $\theta_1(z^0) = 0$，$\theta_2(u^0) = 0$，$z^0 \in \mathbb{C}^n$，$u^0 \in \mathbb{C}^N$，有

$$\theta_1: (z_1, \cdots, z_n) \to (u_1, \cdots, u_n),$$

$$u_j = \frac{\sum_{k=1}^{n} q_{jk}(z_k - z_k^0)}{(1 - \sum_{k=1}^{n} \bar{z}_k^0 z_k)R_1},$$

其中

$$z^0 = (z_1^0, \cdots, z_n^0) \in \mathbb{C}^n, \quad Q = (q_{jk})_{1 \leqslant j, k \leqslant n},$$

$$\overline{Q}(I - \overline{z^0}^t z^0)Q^t = I_n, \quad \overline{R_1}(1 - z^0 \overline{z^0}^t)R_1 = 1.$$

$$\theta_2: (u_1, \cdots, u_n, 0, \cdots, 0) \to (f_1, \cdots, f_N),$$

$$f_j = \frac{\sum_{k=1}^{n} q_{jk}^*(u_k - u_k^0)}{(1 - \sum_{k=1}^{n} \bar{u}_k^0 u_k)R_2}, \qquad (3-2-10)$$

其中

$$u^0 = (u_1^0, \cdots, u_N^0) \in \mathbb{C}^N, \quad Q^* = (q_{jk}^*)_{1 \leqslant j, k \leqslant N},$$

$$\overline{Q^*}(I - \overline{u^0}^t u^0)Q^{*t} = I_N, \quad \overline{R_2}(1 - u^0 \overline{u^0}^t)R_2 = 1. \quad (3-2-11)$$

令

$$\lambda_1 = \left(1 - \sum_{k=1}^{n} \overline{z_k^0} z_k\right)R_1, \quad \lambda_2 = \left(1 - \sum_{k=1}^{n} \overline{u_k^0} u_k\right)R_2,$$

根据 $F_{w_0}(0, w_0) = 0$，我们得到

$$u^0 = \left(\frac{-z^0 Q^t}{R_1}, 0\right). \qquad (3-2-12)$$

则从式 $(3-2-9)$，式 $(3-2-10)$，$F_{w_0}^t$ 可以如下表示：

$$F_{w_0}^t = \frac{1}{\lambda_1 \lambda_2} Q^* \begin{bmatrix} Q(z^t - z^{0t}) + Q z^{0t}(1 - \overline{z^0} z^t) \\ 0 \end{bmatrix}$$

$$= \frac{1}{\lambda_1 \lambda_2} Q^* \begin{bmatrix} (Q z^t - Q z^{0t} \overline{z^0} z^t) \\ 0 \end{bmatrix} = \frac{1}{\lambda_1 \lambda_2} Q^* \begin{bmatrix} Q(I - z^{0t} \overline{z^0}) z^t \\ 0 \end{bmatrix}$$

$$= \frac{1}{\lambda_1 \lambda_2} Q^* \begin{bmatrix} \overline{Q^t}^{-1} z^t \\ 0 \end{bmatrix}. \qquad (3-2-13)$$

由式 $(3-2-11)$，式 $(3-2-12)$

$$\lambda_1 \lambda_2 = (1 - \overline{u^0} u^t) R_2 (1 - \overline{z^0} z^t) R_1$$

$$= (1 - \overline{z^0} z^t) R_1 R_2 + \frac{\overline{z^0}\, \overline{Q^t} Q(z^t - z^{0t}) R_2}{\overline{R_1}}$$

$$= \frac{R_2}{\overline{R_1}} (\overline{R_1}(1 - \overline{z^0} z^t) R_1 + \overline{z^0}\, \overline{Q^t} Q(z^t - z^{0t})) \qquad (3-2-14)$$

和

$$I - \overline{z^{0t}} z^0 = \overline{Q}^{-1} Q^{t-1},$$

则

$$F'_{w_0} = \frac{\overline{R_1}}{R_2} \frac{Q^* \begin{bmatrix} \overline{Q^t}^{-1} z^t \\ 0 \end{bmatrix}}{\overline{R_1}(1 - \overline{z^0} z^t)R_1 + \overline{z^0} \, \overline{Q^t}Q(z^t - z^{0t})}.$$

$$(3-2-15)$$

不失一般性，令

$$z^0 = (z^0, 0, \cdots, 0), \ z = (e^{i\theta}, 0, \cdots, 0). \qquad (3-2-16)$$

由于 (U, I_m) 是 $\Omega(n, m)$ 上的全纯自同构[18]，这里，U 是一酉矩阵.

再次用式 $(3-2-10)$，我们可以得到

$$|R_1|^2 = \frac{1}{1 - |z^0|^2},$$

$$\overline{Q}\begin{bmatrix} 1 - |z^0|^2 & 0 \\ 0 & I_{n-1} \end{bmatrix}Q^t = I, \qquad (3-2-17)$$

$$Q^{-1}\,\overline{Q^{t-1}} = (\overline{Q^t}Q)^{-1} = \begin{bmatrix} 1 - |z^0|^2 & 0 \\ 0 & I_{n-1} \end{bmatrix},$$

则

$$\overline{Q^t}Q = \begin{bmatrix} \dfrac{1}{1 - |z^0|^2} & 0 \\ 0 & I_{n-1} \end{bmatrix}. \qquad (3-2-18)$$

同理，再次利用式 $(3-2-11)$ 和式 $(3-2-12)$，我们有

$$|R_2|^2 = \frac{1}{1 - |u^0|^2} = \frac{1}{1 - \dfrac{\overline{z^0}\,\overline{Q^t}Qz^{0t}}{|R_1|^2}} = \frac{|R_1|^2}{|R_1|^2 - |R_1|^2|z^0|^2}$$

$$= |R_1|^2,$$

$$\overline{Q^*}(I - \overline{u^0}^t u^0) Q^{*t} = \overline{Q^*}\left[I - \begin{pmatrix} -\dfrac{\overline{Q}\overline{z}^{0t}}{\overline{R_1}} \\ 0 \end{pmatrix} \left(-\dfrac{z^0 Q^t}{R_1}, \; 0\right)\right] Q^{*t} = I$$

$$(Q^{*t}\overline{Q^*})^{-1} = \overline{Q^{*-1}} Q^{*t-1} = \begin{pmatrix} I_n - \dfrac{\overline{Q}\overline{z}^{0t} z^0 Q^t}{|R_1|^2} & 0 \\ 0 & I_{N-n} \end{pmatrix}. \qquad (3-2-19)$$

则

$$\overline{Q^{*t}} Q^* = \begin{pmatrix} I_n - \dfrac{Q z^{0t} \overline{z}^0 \overline{Q}^t}{|R_1|^2} & 0 \\ 0 & I_{N-n} \end{pmatrix}^{-1}, \qquad (3-2-20)$$

从式(3-2-10)知

$$Q\overline{Q}^t - Q z^{0t} \overline{z}^0 \overline{Q}^t = I_n$$

$$Q z^{0t} \overline{z}^0 \overline{Q}^t = Q\overline{Q}^t - I_n$$

那么,从式(3-2-20),我们可以得到

$$\overline{Q^{*t}} Q^* = \begin{pmatrix} I_n - \dfrac{Q\overline{Q}^t - I_n}{|R_1|^2} & 0 \\ 0 & I_{N-n} \end{pmatrix}^{-1}. \qquad (3-2-21)$$

另一方面,由式(3-2-16)—式(3-2-18)

$$\overline{R_1}(1 - \overline{z}^0 z^t) R_1 + \overline{z}^0 \overline{Q}^t Q(z^t - z^{0t})$$

$$= |R_1|^2 (1 - \overline{z}^0 z^t) + |R_1|^2 (\overline{z}^0 z^t - \overline{z}^0 z^{0t})$$

$$= |R_1|^2 (1 - \overline{z}^0 z^{0t}) = 1. \qquad (3-2-22)$$

现在可以重新表示式(3-2-15)如下:

$$F_{w_0}^t = \frac{\overline{R_1}}{R_2} Q^* \begin{bmatrix} \overline{Q^{t^{-1}}} z^t \\ 0 \end{bmatrix}. \qquad (3-2-23)$$

$$\begin{aligned}
| F_{w_0} |^2 &= (\bar{z} Q^{-1}, 0) \overline{Q^{*t}} Q^* \begin{bmatrix} \overline{Q^{t^{-1}}} z^t \\ 0 \end{bmatrix} \\
&= (\bar{z} Q^{-1}, 0) \begin{bmatrix} I_n - \dfrac{Q \overline{Q^t} - I_n}{| R_1 |^2} & 0 \\ 0 & I_{N-n} \end{bmatrix}^{-1} \begin{bmatrix} \overline{Q^{t^{-1}}} z^t \\ 0 \end{bmatrix} \\
&= \bar{z} Q^{-1} \left(I_n - \dfrac{Q \overline{Q^t} - I_n}{| R_1 |^2} \right)^{-1} \overline{Q^{t^{-1}}} z^t, \qquad (3-2-24)
\end{aligned}$$

其中

$$\begin{aligned}
& Q^{-1} \left(I_n - \frac{Q \overline{Q^t} - I_n}{| R_1 |^2} \right)^{-1} \overline{Q^{t^{-1}}} \\
&= \left(\overline{Q^t} \left(I_n - \frac{Q \overline{Q^t} - I_n}{| R_1 |^2} \right) Q \right)^{-1} = \left(\overline{Q^t} Q + \frac{\overline{Q^t} Q}{| R_1 |^2} - \frac{\overline{Q^t} Q \overline{Q^t} Q}{| R_1 |^2} \right)^{-1} \\
&= \left[1 + \frac{1}{| R_1 |^2} \begin{bmatrix} | R_1 |^2 & 0 \\ 0 & I_{n-1} \end{bmatrix} - \frac{1}{| R_1 |^2} \begin{bmatrix} | R_1 |^4 & 0 \\ 0 & I_{n-1} \end{bmatrix} \right]^{-1} \\
&= \left[\frac{1}{| R_1 |^2} \begin{bmatrix} | R_1 |^2 & 0 \\ 0 & | R_1 |^2 I_{n-1} \end{bmatrix} \right]^{-1} = I_n. \qquad (3-2-25)
\end{aligned}$$

令

$$\gamma^* = \begin{bmatrix} \dfrac{1}{| R_1 |} & 0 & 0 \\ 0 & \sqrt{1 - \dfrac{1}{| R_1 |^2}} I_{n-1} & 0 \\ 0 & 0 & I_{N-n} \end{bmatrix},$$

$$\gamma = \begin{pmatrix} \dfrac{1}{\mid R_1 \mid} & 0 \\ & \\ 0 & \sqrt{1 - \dfrac{1}{\mid R_1 \mid^2}} I_{n-1} \end{pmatrix}. \qquad (3-2-26)$$

从式(3-2-10),式(3-2-18)和式(3-2-21),得

$$\overline{Q^{*t}} Q^* = \begin{pmatrix} I_n - \dfrac{Q\overline{Q}^t - I_n}{\mid R_1 \mid^2} & 0 \\ & \\ 0 & I_{N-n} \end{pmatrix}^{-1}$$

$$= \begin{pmatrix} \dfrac{1}{\mid R_1 \mid^2} & 0 & 0 \\ & & \\ 0 & 1 - \dfrac{1}{\mid R_1 \mid^2} I_{n-1} & 0 \\ & & \\ 0 & 0 & I_{N-n} \end{pmatrix}^{-1}$$

$$= (\gamma^* \ \overline{\gamma^*}^t)^{-1} = \overline{\gamma^*}^{t-1} \gamma^{*-1}. \qquad (3-2-27)$$

现在我们令 $\overline{\boldsymbol{B}^t(w_0)} = Q^* \gamma^*$,则

$$\boldsymbol{B}(w_0) \ \overline{\boldsymbol{B}^t(w_0)} = \overline{\gamma^*}^t \ \overline{Q^*}^t Q^* \gamma^* = I_N,$$

这就意味着 $\boldsymbol{B}(w_0) \in U(N)$,其中,$U(N)$ 是 N 阶酉矩阵群.

由于 $\mid R_1 \mid^2 = \mid R_2 \mid^2$,那么,$\dfrac{\overline{R_1}}{R_2} = \mathrm{e}^{\mathrm{i}\alpha}, \alpha \in \mathbb{R}$. 令 $\overline{A^t(w_0)} = \mathrm{e}^{\mathrm{i}\alpha} \gamma^{-1} \ \overline{Q^{t-1}}$,则从式(3-2-25)和 γ 的定义,我们可以得到

$$\boldsymbol{A}^t(w_0) \ \overline{\boldsymbol{A}(w_0)} = I_n,$$

这就表示 $\boldsymbol{A}(w_0) \in U(n)$,其中,$U(n)$ 是 n 阶酉矩阵群.

重新表示式(3-2-23)如下:

$$F'_{w_0} = \overline{\boldsymbol{B}^t(w_0)} \begin{bmatrix} \boldsymbol{A}^t(w_0) z^t \\ 0 \end{bmatrix}, =., \quad F_{w_0} = (z\boldsymbol{A}(w_0), 0)\boldsymbol{B}(w_0).$$

$$(3-2-28)$$

第二步　从引理 3.2.2 知，F_2 与 z 无关，

$$F_2: \{w \in \mathbb{C}^m : 0 < |w|^2 < 1\} \rightarrow \{w' \in \mathbb{C}^M : 0 < |w'|^2 < 1\}$$

是一个逆紧全纯映射，根据 Hartogs 延拓定理，我们可以延拓 F_2，使得

$$F_2: \{w \in \mathbb{C}^m : |w|^2 < 1\} \rightarrow \{w' \in \mathbb{C}^M : |w'|^2 < 1\}$$

其中，$F_2(0) = 0$. 再次利用定理 3.1.6，

$$F_2 = \theta'_2(\underbrace{\theta'_1 w}_{m}, \underbrace{0, \cdots, 0}_{M-m}).$$

根据 F_2 的逆紧性，对任意的 $w: |w| = 1$，$|F_2| = 1$. 利用与第一步中相同的讨论我们可以知道 θ'_1，θ'_2 是酉变换。

现在我们可以假设

$$\theta'(z) = z\boldsymbol{A}', \ \boldsymbol{A}' \in \boldsymbol{U}(m), \ \theta'_1(w) = w\boldsymbol{B}', \ \boldsymbol{B}' \in \boldsymbol{U}(M),$$

其中，$z \in \mathbb{C}^m$，$w \in \mathbb{C}^M$，$\boldsymbol{U}(m)$，$\boldsymbol{U}(M)$ 分别表示 m 和 M 阶酉矩阵群. 则

$$F_2(w) = (w\boldsymbol{A}', 0)\boldsymbol{B}'. \qquad (3-2-29)$$

第三步　从 F_2 的具体表示式我们可以得到对 $\forall w: |w| = l \leqslant 1$，有 $|F_2(w)| = |w|$. 对给定的 $w: |w| = l \leqslant 1$，令

$$F_1(z, w): \{z \in \mathbb{C}^n : 0 < |z|^2 < |w|^2 = l^2\} \rightarrow$$

$$\{z' \in \mathbb{C}^N : 0 < |z'|^2 < |F_2(w)|^2 = l^2\},$$

是一个逆紧全纯映射. 利用 Hartogs 延拓定理，延拓 F_1，使得

$$F_1(z, w): \{z \in \mathbb{C}^n: |z|^2 < |w|^2 = l^2\} \rightarrow$$

$$\{z' \in \mathbb{C}^N: |z'|^2 < |F_2(w)|^2 = l^2\},$$

是一个逆紧全纯映射,且 $F_1(0, w) = 0$. 容易看出

$$F_1(z, w) = \frac{|F_2(w)|}{|w|}(z\boldsymbol{A}(w), 0)\boldsymbol{B}(w) = \frac{l}{l}(z\boldsymbol{A}(w), 0)\boldsymbol{B}(w)$$

$$= (z\boldsymbol{A}(w), 0)\boldsymbol{B}(w).$$

其中,$\boldsymbol{A}(w) \in U(n)$,$\boldsymbol{B}(w) \in U(N)$,$U(n)$,$U(N)$ 分别是 n 和 N 阶酉矩阵. 由于 $F_1(z, w)$ 是关于 z 和 w 全纯的,因此

$$\frac{\mathrm{d}}{\mathrm{d}\bar{w}}(\boldsymbol{A}(w), 0)\boldsymbol{B}(w) = 0.$$

我们知道,$\boldsymbol{A}(w)\overline{\boldsymbol{A}^t(w)} = I_n$,$\boldsymbol{B}(w)\overline{\boldsymbol{B}^t(w)} = I_N$,令

$$\boldsymbol{B}(w) = \begin{pmatrix} \boldsymbol{B}_1(w) & \boldsymbol{B}_2(w) \\ \boldsymbol{B}_3(w) & \boldsymbol{B}_4(w) \end{pmatrix}$$

其中,$\boldsymbol{B}_1(w)$ 是 $n \times n$ 阶矩阵,$\boldsymbol{B}_2(w)$ 是 $n \times (N-n)$ 阶矩阵,则 $(\boldsymbol{A}(w), 0)\boldsymbol{B}(w) = (\boldsymbol{A}(w)\boldsymbol{B}_1(w), \boldsymbol{A}(w)\boldsymbol{B}_2(w))$,且

$$(\boldsymbol{A}(w)\boldsymbol{B}_1(w), \boldsymbol{A}(w)\boldsymbol{B}_2(w))\overline{(\boldsymbol{A}(w)\boldsymbol{B}_1(w), \boldsymbol{A}(w)\boldsymbol{B}_2(w))}^t$$

$$= \boldsymbol{A}(w)\boldsymbol{B}_1(w)\overline{(\boldsymbol{A}(w)\boldsymbol{B}_1(w))}^t + \boldsymbol{A}(w)\boldsymbol{B}_2(w)\overline{(\boldsymbol{A}(w)\boldsymbol{B}_2(w))}^t$$

$$= \boldsymbol{A}(w)(\boldsymbol{B}_1(w)\overline{\boldsymbol{B}_1(w)}^t + \boldsymbol{B}_2(w)\overline{\boldsymbol{B}_2(w)}^t)\overline{\boldsymbol{A}(w)}^t = \boldsymbol{A}(w)\overline{\boldsymbol{A}(w)}^t = I_n.$$

令 $(\boldsymbol{A}(w)\boldsymbol{B}_1(w)) = (\varphi_{ij})_{1 \leqslant i, j \leqslant n}$,and $(\boldsymbol{A}(w)\boldsymbol{B}_2(w)) = (\psi_{ia})_{1 \leqslant i \leqslant n, 1 \leqslant a \leqslant N-n}$,其中,$\varphi_{ij}$,$\psi_{ia}$ 全纯依赖于 $w_1, \cdots, w_m$,且

$$\sum_{1 \leqslant i, j \leqslant n} |\varphi_{ij}|^2 + \sum_{1 \leqslant i \leqslant n, 1 \leqslant a \leqslant N-n} |\psi_{ia}|^2$$

$$= \mathrm{tr}[(\boldsymbol{A}(w)\boldsymbol{B}_1(w), \boldsymbol{A}(w)\boldsymbol{B}_2(w))\overline{(\boldsymbol{A}(w)\boldsymbol{B}_1(w), \boldsymbol{A}(w)\boldsymbol{B}_2(w))}^t]$$

$$= n,$$

作用 $\sum\limits_{k=1}^{m} \dfrac{\partial^2}{\partial w_k \partial \bar{w}_k}$ 于上式,我们有

$$\sum_{1 \leqslant i,\, j \leqslant n,\, 1 \leqslant k \leqslant m} \left| \frac{\partial \varphi_{ij}}{\partial w_k} \right|^2 + \sum_{1 \leqslant i \leqslant n,\, 1 \leqslant \alpha \leqslant N-n,\, 1 \leqslant k \leqslant m} \left| \frac{\partial \psi_{i\alpha}}{\partial w_k} \right|^2 = 0,$$

即,φ_{ij},$\psi_{i\alpha}$ 与 w_1,$\cdots$,w_m 无关,因此,$\boldsymbol{A}(w)\boldsymbol{B}_1(w)$ 和 $\boldsymbol{A}(w)\boldsymbol{B}_2(w)$ 都与 w_1,$\cdots$,w_m 无关. 因此,存在一个常值矩阵 $\boldsymbol{A} \in U(n)$ 和 $\boldsymbol{B} \in U(N)$,使得 $(\boldsymbol{A}(w),\, 0)\boldsymbol{B}(w) = (\boldsymbol{A},\, 0)\boldsymbol{B}$. 因此

$$F_1(z,\, w) = (z\boldsymbol{A},\, 0)\boldsymbol{B}. \tag{3-2-30}$$

第四步　现在,我们很容易从式(3-2-29)和式(3-2-30)中得到

$$F = (F_1,\, F_2)\colon (z,\, w) \rightarrow (\underbrace{(z\boldsymbol{A},\, 0)\boldsymbol{B}}_{N},\, \underbrace{(w\boldsymbol{A}',\, 0)\boldsymbol{B}'}_{M}).$$

$$\tag{3-2-31}$$

根据文献[18]中的主要定理,我们有 $\Omega(n,\, m)$ 或 $\Omega(N,\, M)$ 上的任意逆紧全纯映射都是全纯自同构. 不失一般性,令 $\sigma \in \mathrm{Aut}(\Omega(n,\, m))$,$\tau \in \mathrm{Aut}(\Omega(N,\, M))$,使得

$$\sigma\colon (z,\, w) \rightarrow (z\boldsymbol{A},\, w\boldsymbol{A}')$$
$$\tau\colon (z',\, w') \rightarrow (z'\boldsymbol{B},\, w'\boldsymbol{B}'),$$

其中,$\boldsymbol{A}$,$\boldsymbol{A}'$,$\boldsymbol{B}$,$\boldsymbol{B}'$ 分别是 n,m,N,M 阶酉矩阵. 则从式(3-2-31),对任意的逆紧全纯映射 $F\colon \Omega(n,\, m) \rightarrow \Omega(N,\, M)$,二阶连续可微到边界,则一定存在 $\Omega(n,\, m)$ 和 $\Omega(N,\, M)$ 上的自同构 σ,τ,使得

$$\tau \circ F \circ \sigma(z,\, w) = (z_1,\, \cdots,\, z_n,\, \underbrace{0,\, \cdots,\, 0}_{N-n},\, w_1,\, \cdots,\, w_m,\, \underbrace{0,\, \cdots,\, 0}_{M-m}).$$

定理 3.2.1 证毕. ■

　　这样，就给出了特殊 Hartogs 三角形上逆紧全纯映射的分类. 其实，从定理的证明过程可以注意到，如果这里的 Hartogs 三角形推广到 Hartogs 多边形，最后的结论或许同样成立.

3.3　不等维广义 Hartogs 三角形之间的逆紧全纯映射

　　上一节介绍了特殊 Hartogs 三角形上逆紧全纯映射分类的最新结果，这个结果当然是建立在逆紧全纯映射存在的基础上，从最后的结果我们看出这样的逆紧全纯映射是显然存在的. 但是当给出的 Hartogs 三角形更加一般化时，其上逆紧全纯映射的存在也是值得探讨的. 令

$$\Omega(p,\ q) = \left\{ (z,\ w) \in \mathbb{C}^{n+m} \colon 0 < \sum_{i=1}^{n} \mid z_i \mid^{2p_i} \right.$$
$$\left. < \sum_{j=1}^{m} \mid w_j \mid^{2q_j} < 1,\ p_i,\ q_j \in Z^+ \right\} \qquad (3-3-1)$$

　　对于等维情况下，文献[18]给出了以下定理：

　　定理 3.3.1[18]　　令 $\mathbb{C}^{n+m}$ $(n > 1;\ m > 1)$ 中的有界域 $\Omega(p,\ q)$，$\Omega(p',\ q')$ 如上定义. 则存在逆紧全纯映射 $F \colon \Omega(p,\ q) \to \Omega(p',\ q')$ 当且仅当存在 $\sigma \in S_n$，$\delta \in S_m$ 使得 $\dfrac{p_{\sigma(i)}}{p'_i} \in Z^+$，$\dfrac{q_{\delta(j)}}{q'_j} \in Z^+$，其中 $i = 1,\ \cdots,\ n$；$j = 1,\ \cdots,\ m$.

　　在本文中，我们令蛋型域

$$\Omega(p) = \left\{ z \in \mathbb{C}^n \colon \sum_{i=1}^{n} \mid z_i \mid^{2p_i} < 1,\ p_i \in Z^+ \right\};$$

$$\Omega(p') = \left\{ z' \in \mathbb{C}^N \colon \sum_{i=1}^{n} \mid z'_i \mid^{2p'_i} < 1,\ p'_i \in Z^+ \right\}.$$

注意到这里给出的蛋型域与 2.1 给出的定义相似. 为了计算和分析的简化,我们假设这里的 p, $p' \in \mathbb{Z}^+$. 令

$$\Omega(p', q') = \Big\{ (z', w') \in \mathbb{C}^{N+M} : 0 < \sum_{i=1}^{n} |z_i'|^{2p_i'}$$

$$< \sum_{j=1}^{M} |w_j'|^{2q_j'} < 1, \ p_i', \ q_j' \in Z^+ \Big\}$$

其中

$$1 < n < N < \min\{n+m-1, \ 2n-1\}, \ 1 < m < M < 2m-1.$$

$$(*)$$

为简化表达,我们给出下列注记:

$$z = (z_1, \cdots, z_n), \ w = (w_1, \cdots, w_m);$$

$$z' = (z_1', \cdots, z_N'), \ w' = (w_1', \cdots, w_M');$$

$$F = (F_1, F_2), \ F_1 = (f_1, \cdots, f_N),$$

$$F_2 = (f_{N+1}, \cdots, f_{N+M});$$

$$|z|^{2p} = |z_1|^{2p_1} + \cdots + |z_n|^{2p_n},$$

$$|w|^{2q} = |w_1|^{2q_1} + \cdots + |w_m|^{2q_m};$$

$$|z'|^{2p'} = |z_1'|^{2p_1'} + \cdots + |z_N'|^{2p_N'},$$

$$|w'|^{2q'} = |w_1'|^{2q_1'} + \cdots + |w_M'| \, 2q_M';$$

$$P = \{p_1, \cdots, p_n\}, \ P' = \{p_1', \cdots, p_N'\},$$

$$Q = \{q_1, \cdots, q_m\}, \ Q' = \{q_1', \cdots, q_M'\}. \quad (3-3-2)$$

我们将定理 2.2.7 和定理 3.3.1 做了从等维到不等维的推广,主要定理如下:

定理 3.3.2 令 $\Omega(p)$ 和 $\Omega(p')$ 是如上给出的蛋型域. 存在二阶连续可微到边界的逆紧全纯映射 $F: \Omega(p) \to \Omega(p')$ 使得 $F(0) = 0$ 当且仅当存在

置换 $\sigma \in S_n$ 和 $\{p'_{k_i}\} \in P'$, $i = 1, 2, \cdots, n$ 使得 $\dfrac{p_{\sigma(i)}}{p'_{k_i}} \in \mathbb{Z}^+$.

定理 3.3.3 令 $\Omega(p, q)$ 和 $\Omega(p', q')$ 是如上给出的广义 Hartogs 三角形,且 (＊) 式成立.则存在二阶连续可微到边界的逆紧全纯映射 $F: \Omega(p, q) \to \Omega(p', q')$ 当且仅当存在置换 $\sigma \in S_n$, $\delta \in S_m$ 和 $\{p'_{k_i}\} \in P'$, $\{q'_{l_s}\} \in Q'$, 使得 $\dfrac{p_{\sigma(i)}}{p'_{k_i}} \in \mathbb{Z}^+$, $\dfrac{q_{\delta(s)}}{q'_{l_s}} \in \mathbb{Z}^+$, $i = 1, 2, \cdots, n$, $s = 1, 2, \cdots, m$.

我们这里要注意的是,在以上定理中我们给出的 $p \cdot p'$, q, $q' \in \mathbb{Z}^+$.

3.3.1 主要引理和定理 3.3.2 的证明

在这一部分,我们将给出几个重要的引理和定理 3.3.2 的证明.

引理 3.3.1 令 $F: \Omega(p) \to \Omega(p')$ 是一个逆紧全纯映射,且二阶连续可微到边界,则

$$F^{p'} = \theta_2(\underbrace{\theta_1 z^p}_{n}, \underbrace{0, \cdots, 0}_{N-n}),$$

其中 $\theta_1 \in Aut(B_n)$, $\theta_2 \in Aut(B_N)$, $z^p = (z_1^{p_1}, \cdots, z_n^{p_n})$, $F^{p'} = (f_1^{p'}, \cdots, f_N^{p'_N})$.

证明 因为 F 是一个逆紧全纯映射,且二阶连续可微到边界,F 可以全纯延拓过 $\partial\Omega(p)$ 且 $F(\partial\Omega(p)) \subset \partial\Omega(p')$. 找一个不在坐标平面上的点 $a \in \partial\Omega(p)$. 则 a 是 $\partial\Omega(p)$ 上的强拟突点. 令 U 是 C^n 中点 a 的开领域使得映射 $g_p = z^p: \Omega(p) \to B_n$ 和 $g'_p = z^{p'}: \Omega(p') \to B_N$ 在 U 和 $F(U)$ 上分别有定义,且是 $1-1$ 的. 因为 g_p^{-1} 是一个多值函数,我们选定 g_p^{-1} 的一个分支从而定义如下映射 $F_0: g_p(U) \to g_{p'}(F(U))$:

$$F_0 \circ g_p = g_{p'} \circ F \mid_U. \qquad (3-3-3)$$

将 F_0 延拓到整个 B_n 上,则易证 F_0 是 B_n 和 B_N 之间的逆紧全纯映射. 利用

文献[4]的结论,存在 $\sigma \in \mathrm{Aut}(B^n)$，$\tau \in \mathrm{Aut}(B^N)$ 使得：

$$\tau \circ F_0 \circ \sigma = (z_1, z_2, \cdots, z_n, 0, \cdots, 0).$$

不妨设 $\theta_1 = \sigma$，$\theta_2 = \tau^{-1}$，从式(3-3-3)可以得到

$$F^{p'} = \theta_2(\underbrace{\theta_1 z^p}_{n}, \underbrace{0, \cdots, 0}_{N-n}). \qquad (3-3-4)$$

证明　首先,令逆紧全纯映射 $F: \Omega(p) \rightarrow \Omega(p')$ 使得 $F(0) = 0$.

第一步　由式(3-3-4)和 $F(0) = 0$，我们可以得到 $F^{p'} = (z^p A, 0)B$，其中，$A \in U(n)$，$B \in U(N)$. $U(n)$，$U(N)$ 分别是 n 阶和 N 阶的酉矩阵群. 证明如下：

利用单位球上的自同构的具体表示,不妨设 $\theta_1(z^0) = 0$，$\theta_2(u^0) = 0$，$z^0 \in \mathbb{C}^n$，$u^0 \in \mathbb{C}^N$，我们有

$$\theta_1: (z_1, \cdots, z_n) \rightarrow (u_1, \cdots, u_n),$$

$$u_j = \frac{\sum_{k=1}^{n} q_{jk}(z_k^{p_k} - z_k^0)}{(1 - \sum_{k=1}^{n} \bar{z}_k^0 z_k^{p_k})R_1},$$

其中

$$z^0 = (z_1^0, \cdots, z_n^0) \in \mathbb{C}^n, \quad Q = (q_{jk})_{1 \leqslant j, k \leqslant n},$$

$$\bar{Q}(I - \bar{z^0}^t z^0)Q^t = I_n, \quad \bar{R}_1(1 - z^0 \bar{z^0}^t)R_1 = 1.$$

$$\theta_2: (u_1, \cdots, u_n, 0, \cdots, 0) \rightarrow (f_1, \cdots, f_N)$$

$$f_j^{p_j'} = \frac{\sum_{k=1}^{n} q_{jk}^*(u_k - u_k^0)}{(1 - \sum_{k=1}^{n} \bar{u}_k^0 u_k)R_2} \qquad (3-3-5)$$

其中

$$u^0 = (u_1^0, \cdots, u_N^0) \in \mathbb{C}^N, \quad Q^* = (q_{jk}^*)_{1 \leqslant j, k \leqslant N},$$

$$\overline{Q^*}(I - \overline{u^0}^t u^0)Q^{*t} = I_N, \quad \overline{R}_2(1 - u^0 \overline{u^0}^t)R_2 = 1. \quad (3-3-6)$$

令

$$\lambda_1 = \left(1 - \sum_{k=1}^n \overline{z}_k^0 z_k^{p_k}\right)R_1, \quad \lambda_2 = \left(1 - \sum_{k=1}^n \overline{u}_k^0 u_k\right)R_2,$$

由条件 $F(0) = 0$，我们有

$$u^0 = \left(\frac{-z^0 Q^t}{R_1}, 0\right). \quad (3-3-7)$$

从式$(3-3-5)$我们知道，$F^{p't}$可以表示为如下形式：

$$F^{p't} = \frac{1}{\lambda_1 \lambda_2} Q^* \begin{bmatrix} Q(z^{pt} - z^{0t}) + Qz^{0t}(1 - \overline{z^0} z^{pt}) \\ 0 \end{bmatrix}$$

$$= \frac{1}{\lambda_1 \lambda_2} Q^* \begin{bmatrix} (Qz^{pt} - Qz^{0t} \overline{z^0} z^{pt}) \\ 0 \end{bmatrix} = \frac{1}{\lambda_1 \lambda_2} Q^* \begin{bmatrix} Q(I - z^{0t} \overline{z^0})z^{pt} \\ 0 \end{bmatrix}$$

$$= \frac{1}{\lambda_1 \lambda_2} Q^* \begin{bmatrix} \overline{Q}^{t-1} z^{pt} \\ 0 \end{bmatrix}. \quad (3-3-8)$$

由式$(3-3-6)$，式$(3-3-7)$

$$\lambda_1 \lambda_2 = (1 - \overline{u^0} u^t)R_2(1 - \overline{z^0} z^{pt})R_1$$

$$= (1 - \overline{z^0} z^{pt})R_1 R_2 + \frac{\overline{z^0} \overline{Q}^t Q(z^{pt} - z^{0t})R_2}{\overline{R}_1}$$

$$= \frac{R_2}{\overline{R}_1}(\overline{R}_1(1 - \overline{z^0} z^{pt})R_1 + \overline{z^0} \overline{Q}^t Q(z^{pt} - z^{0t})), \quad (3-3-9)$$

且

$$I - \overline{z^0}^t z^0 = \overline{Q}^{-1} Q^{t-1},$$

则

$$F^{p't} = \frac{\overline{R_1}}{R_2} \frac{Q^* \begin{pmatrix} \overline{Q^t}^{-1} z^{pt} \\ 0 \end{pmatrix}}{\overline{R_1}(1 - \overline{z^0} z^{pt}) R_1 + \overline{z^0} \, \overline{Q}^t Q(z^{pt} - z^{0t})}. \qquad (3-3-10)$$

因为酉矩阵属于单位球 B^n 的自同构群,不失一般性,令

$$z^0 = (z^0, 0, \cdots, 0), \quad z^p = (e^{i\theta}, 0, \cdots, 0). \qquad (3-3-11)$$

再次利用式$(3-3-5)$,我们得到

$$|R_1|^2 = \frac{1}{1 - |z^0|^2},$$

$$\overline{Q} \begin{pmatrix} 1 - |z^0|^2 & 0 \\ 0 & I_{n-1} \end{pmatrix} Q^t = I, \qquad (3-3-12)$$

$$Q^{-1} \overline{Q^{t-1}} = (\overline{Q^t} Q)^{-1} = \begin{pmatrix} 1 - |z^0|^2 & 0 \\ 0 & I_{n-1} \end{pmatrix},$$

则

$$\overline{Q}^t Q = \begin{pmatrix} \dfrac{1}{1 - |z^0|^2} & 0 \\ 0 & I_{n-1} \end{pmatrix}. \qquad (3-3-13)$$

相似的,再次利用式$(3-3-6)$和式$(3-3-7)$,我们有

$$|R_2|^2 = \frac{1}{1 - |u^0|^2} = \frac{1}{1 - \dfrac{\overline{z^0} \, \overline{Q}^t Q z^{0t}}{|R_1|^2}}$$

$$= \frac{|R_1|^2}{|R_1|^2 - |R_1|^2 |z^0|^2} = |R_1|^2,$$

$$\overline{Q^*}(I - \overline{u^0}^t u^0)Q^{*t} = \overline{Q^*}\left[I - \begin{pmatrix} \dfrac{-\overline{Q}\,\overline{z^{0t}}}{\overline{R_1}} \\ 0 \end{pmatrix}\left(\dfrac{-z^0 Q^t}{R_1},\ 0\right)\right]Q^{*t} = I,$$

$$(Q^{*t}\overline{Q^*})^{-1} = \overline{Q^{*-1}}Q^{*t-1} = \begin{pmatrix} I_n - \dfrac{\overline{Q}\,\overline{z^{0t}} z^0 Q^t}{|R_1|^2} & 0 \\ 0 & I_{N-n} \end{pmatrix}.$$

$$(3 - 3 - 14)$$

则

$$\overline{Q^{*t}}Q^* = \begin{pmatrix} I_n - \dfrac{Q z^{0t}\,\overline{z^0 Q^t}}{|R_1|^2} & 0 \\ 0 & I_{N-n} \end{pmatrix}^{-1},\qquad (3 - 3 - 15)$$

由式(3 - 3 - 5)

$$Q\overline{Q}^t - Q z^{0t}\,\overline{z^0}\,\overline{Q}^t = I_n,$$

$$Q z^{0t}\,\overline{z^0}\,\overline{Q}^t = Q\overline{Q}^t - I_n,$$

则从式(3 - 3 - 15)我们得到

$$\overline{Q^{*t}}Q^* = \begin{pmatrix} I_n - \dfrac{Q\overline{Q}^t - I_n}{|R_1|^2} & 0 \\ 0 & I_{N-n} \end{pmatrix}^{-1}.\qquad (3 - 3 - 16)$$

从另一方面,由式(3 - 3 - 11)—式(3 - 3 - 13)

$$\overline{R_1}(1 - \overline{z^0} z^{pt})R_1 + \overline{z^0}\,\overline{Q}^t Q(z^{pt} - z^{0t}),$$

$$= |R_1|^2 (1 - \overline{z^0} z^{pt}) + |R_1|^2 (\overline{z^0} z^{pt} - \overline{z^0} z^{0t})$$

$$= |R_1|^2 (1 - \overline{z^0} z^{0t}) = 1. \tag{3-3-17}$$

现在我们可以重新表示式(3-3-10)，

$$F^{p't} = \frac{\overline{R_1}}{R_2} Q^* \begin{bmatrix} \overline{Q^{t-1}} z^{pt} \\ 0 \end{bmatrix}. \tag{3-3-18}$$

$$|F^{p'}|^2 = (\overline{z^p} Q^{-1},\, 0)\, \overline{Q^{*t}} Q^* \begin{bmatrix} \overline{Q^{t-1}} z^{pt} \\ 0 \end{bmatrix}$$

$$= (\overline{z^p} Q^{-1},\, 0) \begin{bmatrix} I_n - \dfrac{Q\overline{Q^t} - I_n}{|R_1|^2} & 0 \\ 0 & I_{N-n} \end{bmatrix}^{-1} \begin{bmatrix} \overline{Q^{t-1}} z^{pt} \\ 0 \end{bmatrix}$$

$$= \overline{z^p} Q^{-1} \left(I_n - \frac{Q\overline{Q^t} - I_n}{|R_1|^2} \right)^{-1} \overline{Q^{t-1}} z^{pt}, \tag{3-3-19}$$

其中

$$Q^{-1} \left(I_n - \frac{Q\overline{Q^t} - I_n}{|R_1|^2} \right)^{-1} \overline{Q^{t-1}}$$

$$= \left(\overline{Q^t} \left(I_n - \frac{Q\overline{Q^t} - I_n}{|R_1|^2} \right) Q \right)^{-1} = \left(\overline{Q^t} Q + \frac{\overline{Q^t} Q}{|R_1|^2} - \frac{\overline{Q^t} Q \overline{Q^t} Q}{|R_1|^2} \right)^{-1}$$

$$= \left[1 + \frac{1}{|R_1|^2} \begin{bmatrix} |R_1|^2 & 0 \\ 0 & I_{n-1} \end{bmatrix} - \frac{1}{|R_1|^2} \begin{bmatrix} |R_1|^4 & 0 \\ 0 & I_{n-1} \end{bmatrix} \right]^{-1}$$

$$= \left[\frac{1}{|R_1|^2} \begin{bmatrix} |R_1|^2 & 0 \\ 0 & |R_1|^2 I_{n-1} \end{bmatrix} \right]^{-1} = I_n. \tag{3-3-20}$$

令

$$\gamma^* = \begin{pmatrix} \dfrac{1}{\mid R_1 \mid} & 0 & 0 \\ 0 & \sqrt{1 - \dfrac{1}{\mid R_1 \mid^2}} I_{n-1} & 0 \\ 0 & 0 & I_{N-n} \end{pmatrix},$$

$$\gamma = \begin{pmatrix} \dfrac{1}{\mid R_1 \mid} & 0 \\ 0 & \sqrt{1 - \dfrac{1}{\mid R_1 \mid^2}} I_{n-1} \end{pmatrix}. \qquad (3-3-21)$$

从式 $(3-3-5)$,式 $(3-3-13)$,式 $(3-3-16)$,

$$\overline{Q^*}^t Q^* = \begin{pmatrix} I_n - \dfrac{Q\overline{Q}^t - I_n}{\mid R_1 \mid^2} & 0 \\ 0 & I_{N-n} \end{pmatrix}^{-1}$$

$$= \begin{pmatrix} \dfrac{1}{\mid R_1 \mid^2} & 0 & 0 \\ 0 & 1 - \dfrac{1}{\mid R_1 \mid^2} I_{n-1} & 0 \\ 0 & 0 & I_{N-n} \end{pmatrix}^{-1}$$

$$= (\gamma^* \overline{\gamma^*}^t)^{-1} = \overline{\gamma^*}^{t-1} \gamma^{*-1}. \qquad (3-3-22)$$

令 $\overline{B}^t = Q^* \gamma^*$,则

$$B\overline{B}^t = \overline{\gamma^*}^t \overline{Q^*}^t Q^* \gamma^* = I_N,$$

即 $B \in U(N)$,其中,$U(N)$ 是 N 阶酉矩阵群.

重新表示式 $(3-3-18)$,我们得到

$$F^{p'} = (z^p A , 0)B. \qquad (3-3-23)$$

第二步　不失一般性,令 $p_1 = \cdots = p_h = 1$, $p_i \geqslant 2$, $h+1 \leqslant i \leqslant n$, $p'_1 = \cdots = p'_H = 1$, $p_j \geqslant 2$, $H+1 \leqslant j \leqslant N$, 我们有 $H \geqslant h$. 证明如下:

从第一部我们得到, $F^{p'} = (z^p A, 0)B = z^p (A, 0)B.$ 令

$$(A, 0)B = T = \begin{bmatrix} T_1 & T_2 \\ T_3 & T_4 \end{bmatrix} = (t_{ij}), \quad i = 1, \cdots, n; \ j = 1, \cdots, N,$$

其中, T_1 是一个 $h \times H$ 矩阵, T_4 是一个 $(n-h) \times (N-H)$ 矩阵, 且 $\mathrm{rank}(T) = n$.

则有

$$(f_1, \cdots, f_H, f_{H+1}^{p'}, \cdots, f_N^{p'}) = (z_1, \cdots, z_h, z_{h+1}^{p_{h+1}}, \cdots, z_n^{p_n}) \begin{bmatrix} T_1 & T_2 \\ T_3 & T_4 \end{bmatrix}.$$

其中, $H+1 \leqslant j \leqslant N$, $f_j^{p'_j} = \sum_{i=1}^n z_i^{p_i} t_{ij}$.

因为 $p'_j \geqslant 2$, f_j 全纯且上式等式右边没有如 $z_i z_j$, $z_i^{p_i} z_j$, $z_i^{p_i} z_j^{p_j}$ 的项, 故 f_j 只是 $z_1, \cdots, z_n$ 其中一个变量的全纯函数或者为常数, 即,

情况 1　存在一个 $p_{l_j} \in P$ 且 $t_{l_j j} \neq 0$, 使得 $f_j = t_{l_j j}^{\frac{1}{p'_j}} z_{l_j}^{\frac{p_{l_j}}{p'_j}}$, $\frac{p_{l_j}}{p'_j} \in Z^+$, $t_{ij} = 0$, $i \neq l_j$.

情况 2　$f_j = 0$, $t_{ij} = 0$, $1 \leqslant i \leqslant n$.

从情况 1, 有 $p_{l_j} \geqslant 2$, 即, $h+1 \leqslant l_j \leqslant n$. 则从以上两种情况我们可以得到 $T_2 \equiv 0$.

另一方面, 我们知道 $\mathrm{rank}(T_1) = \min\{h, H\}$. 设 $H < h$, 则 $\mathrm{rank}(T_1) = H$. 同时 (T_3, T_4) 满秩且 $\mathrm{rank}(T_3, T_4) = n-h$. 则 $\mathrm{rank}(T) = H+n-h < n$, 矛盾. 因此 $H \geqslant h$, 故 $\mathrm{rank}(T_1) = h$, $\mathrm{rank}(T_4) = n-h$.

第三步　从以上两种情况, 我们知道 T_4 的每一列至多有一个元素不

为 0. 因为 $\text{rank}(T_4) = n-h$,可以找到 T_4 中的 $n-h$ 列,不妨设为 $T_5 = (t_{s_1}, \cdots, t_{s_{n-h}})$,使得 $\text{rank}(T_5) = n-h$. 则

$$f_j = t_{l_j j}^{\frac{1}{p'_{l_j}}} z_{l_j}^{\frac{p_{l_j}}{p'_j}}, \quad \frac{p_{l_j}}{p'_j} \in Z^+, \ t_{l_j} \neq 0, \ t_{ij} = 0, \ i \neq l_j; \ s_1 \leqslant j \leqslant S_{n-h}. \tag{3-3-24}$$

令 $\sigma_1(j) = l_{s_j}$,$1 \leqslant j \leqslant n-h$,其中 $\sigma_1 \in S_{n-h}$,则重新表示 $(3-3-24)$ 如下:

$$f_j = t_{\sigma_1(j) s_j}^{\frac{1}{p'_{s_j}}} z_{\sigma_1(j)}^{\frac{p_{\sigma_1(j)}}{p'_{s_j}}}, \quad \frac{p_{\sigma_1(j)}}{p'_{s_j}} \in Z^+, \tag{3-3-25}$$

$$t_{\sigma_1(j) s_j} \neq 0, \ t_{is_j} = 0, \ i \neq \sigma_1(j); \ 1 \leqslant j \leqslant n-h.$$

因为 $H \geqslant h$,则对 $\forall \sigma_2 \in S_h$,我们可以找到 T_1 中的 h 列,不妨设为 $T_6 = (t_{r_1}, \cdots, t_{r_h})$,使得 $\text{rank}(T_6) = h$. 则 $\dfrac{p_{\sigma_2(j)}}{p'_{r_j}} \in Z^+$,$1 \leqslant j \leqslant h$. 令 $\sigma = (\sigma_1, \sigma_2) \in S_n$,$\{p'_{k_i}\} = \{p'_{s_1}, \cdots, p'_{s_{n-h}}\} \bigcup \{p'_{r_1}, \cdots, p'_{r_h}\}$,$i = 1, \cdots, n$,则我们有 $\dfrac{p_{\sigma(j)}}{p'_{k_j}} \in Z^+$,$1 \leqslant j \leqslant n$. 反之,如果存在置换 $\sigma \in S_n$ 且 $\{p'_{k_i}\} \in P'$,$i = 1, 2, \cdots, n$ 使得 $\dfrac{p_{\sigma(i)}}{p'k_i} \in Z^+$. 则我们可以找一个逆紧全纯映射 $F: \Omega(p) \to \Omega(p')$ 使得 $F(z_1, \cdots, z_n) = (z_{\sigma(1)}^{\frac{p_{\sigma(1)}}{p'_{k_1}}}, \cdots, z_{\sigma(n)}^{\frac{p_{\sigma(n)}}{p'_{k_n}}}, 0)$ 易证 $F(0) = 0$. 定理 3.3.2 证毕.

令 $F = (F_1, F_2): \Omega(p, q) \to \Omega(p', q')$ 是一个逆紧全纯映射,且不妨设 $F_1 = (f_1, \cdots, f_N)$,$F_2 = (f_{N+1}, \cdots, f_{N+M})$. 令 $\partial\Omega(n, m) = A \bigcup B \bigcup C$,其中

$$A = \{(z, w) \in \mathbb{C}^{n+m} \mid |z|^{2p} - |w|^{2q} = 0, \; |z|^{2p} \neq 0, \; |w|^{2q} \neq 1\},$$
$$B = \{(z, w) \in \mathbb{C}^{n+m} \mid |w|^{2q} = 1\},$$
$$C = \{0 \in \mathbb{C}^{n+m}\}.$$

显然 $A \bigcap B = B \bigcap C = A \bigcap C = \varnothing$.

类似的，$\partial\Omega(N, M) = A' \bigcup B' \bigcup C'$，其中：

$$A' = \{(z', w') \in \mathbb{C}^{N+M} \mid |z'|^{2p'} - |w'|^{2q'} = 0, \; |z'|^{2p'} \neq 0,$$
$$|w'|^{2q'} \neq 1\},$$
$$B' = \{(z', w') \in \mathbb{C}^{N+M} \mid |w'|^{2q'} = 1\},$$
$$C' = \{0 \in \mathbb{C}^{N+M}\}.$$

同样我们有 $A' \bigcap B' = B' \bigcap C' = A' \bigcap C' = \varnothing$. 为简化，我给出如下注记：

$$p^2 |z|^{2(p-1)} = \begin{pmatrix} p_1^2 |z_1|^{2(p_1-1)} & 0 & 0 \\ 0 & \ddots & 0 \\ 0 & 0 & p_n^2 |z_n|^{2(p_n-1)} \end{pmatrix}_{n \times n}$$

$$q^2 |w|^{2(q-1)} = \begin{pmatrix} q_1^2 |w_1|^{2(q_1-1)} & 0 & 0 \\ 0 & \ddots & 0 \\ 0 & 0 & q_m^2 |w_m|^{2(q_m-1)} \end{pmatrix}_{m \times m}$$

$$p'^2 |z'|^{2(p'-1)} = \begin{pmatrix} p_1'^2 |z_1'|^{2(p_1'-1)} & 0 & 0 \\ 0 & \ddots & 0 \\ 0 & 0 & p_N'^2 |z_N'|^{2(p_N'-1)} \end{pmatrix}_{N \times N}$$

$$q'^2 |w'|^{2(q'-1)} = \begin{pmatrix} q_1'^2 |w_1'|^{2(q_1'-1)} & 0 & 0 \\ 0 & \ddots & 0 \\ 0 & 0 & q_M'^2 |w_M'|^{2(q_M'-1)} \end{pmatrix}_{M \times M}.$$

3.3.2 主要引理和定理 3.3.3 的证明

引理 3.3.2 如果 $F = (F_1, F_2): \Omega(p, q) \rightarrow \Omega(p', q')$ 是一个逆紧全纯映射，则 $F(B) \subset B'$.

证明 显然，$\Omega(p, q)$ 是一个弱完全 Reinhardt 域[3]，由于 f_i 是 $\Omega(p, q)$ 上的全纯函数，由文献[3]，f_i 可以延拓过 $\partial\Omega(p, q)\backslash 0$，即 F 在 B 的一个小领域上全纯. 另外由于 F 是逆紧映射，因此 $F(B) \subset \partial\Omega(p', q')$.

令

$$E_1 = \{(z, w) \in \partial\Omega(p, q): \mathrm{rank}(\boldsymbol{J}_F) < n + m\},$$

$$E_2 = \left\{(z, w) \in \partial\Omega(p, q): \prod_{i=k+1}^{m} w_i = 0\right\},$$

其中，$\boldsymbol{J}_F$ 是 F 的 Jacobi 矩阵.

如果存在 $x_0 \in B$，使得 $F(x_0) \in A'$，则由 F 的连续性，存在 x_0 在 $\mathbb{C}^{n+m}$ 中的一个开邻域 U 和 $F(x_0)$ 在 $\mathbb{C}^{N+M}$ 中的开邻域 V，使得 $F(U) \subset V$. 选择 $x_1 \in B\backslash(E_1 \bigcup E_2)$，则我们可以找到 x_1 的一个邻域 U_1，使得 $F | U_1: U_1 \rightarrow F(U_1)$ 满秩，则 $\rho_2, \rho_1' \circ F$ 都是 $U_1 \bigcap B$ 的局部定义函数.

函数 $\rho_2, \rho_1' \circ F$ Levi-形式的系数分别矩阵如下表示：

$$\begin{bmatrix} 0 & 0 \\ 0 & q^2 |w|^{2(q-1)} \end{bmatrix}_{(n+m)\times(n+m)} ;$$

$$\boldsymbol{J}_F^t \begin{bmatrix} p'^2 |z'|^{2(p'-1)} & 0 \\ 0 & -q'^2 |w'|^{2(q'-1)} \end{bmatrix}_{(N+M)\times(N+M)} \overline{\boldsymbol{J}}_F,$$

$$(3-3-26)$$

其中，$(\boldsymbol{J}_F)^t$ 是一个定义在 $U_1 \bigcap B$ 上且满秩的 $(n+m) \times (N+M)$ 矩阵. 则 $(\boldsymbol{J}_F)^t$ 可以表示为如下形式：

$$(\boldsymbol{J}_F)^t = \boldsymbol{R}(0, \boldsymbol{I}_{m+n})\boldsymbol{V}, \qquad (3-3-27)$$

其中 $\boldsymbol{R}$ 和 $\boldsymbol{V}$ 分别为 $(n+m) \times (n+m)$ 和 $(N+M) \times (N+M)$ 非退化矩阵，$\boldsymbol{I}_{n+m}$ 是 $(n+m) \times (n+m)$ 单位阵.

令

$$\boldsymbol{V} = \begin{bmatrix} \boldsymbol{V}_1 & \boldsymbol{V}_2 \\ \boldsymbol{V}_3 & \boldsymbol{V}_4 \end{bmatrix} \qquad (3-3-28)$$

其中，$\boldsymbol{V}_1$ 是一个 $(N+M-n-m) \times N$ 矩阵，$\boldsymbol{V}_4$ 是一个 $(n+m) \times (M)$ 矩阵.

令

$$\boldsymbol{\eta} = (0, \cdots, 0, b_1, \cdots, b_{n+m})_{1 \times (N+M)}$$
$$\boldsymbol{\eta}_1 = (b_1, \cdots, b_{n+m})_{1 \times (n+m)},$$

我们考虑如下方程组：

$$\begin{cases} \boldsymbol{\eta}_1 \boldsymbol{V}_3 = \underbrace{(0, \cdots, 0)}_{N} \\ \mathbf{grad}\rho_2 (\boldsymbol{R}^{-1})^t (0 \quad \boldsymbol{I})_{(n+m) \times (N+M)} \eta^t = 0 \end{cases} \qquad (3-3-29)$$

其中

$$\mathbf{grad}\rho_2 = (0, \cdots, 0, q_1 \overline{w}_1 \mid w_1 \mid^{2(q_1-1)}, \cdots, q_m \overline{w}_m \mid w_m \mid^{2(q_m-1)}),$$

方程组 $(3-3-29)$ 有 $n+m$ 个变量和 $N+1$ 个等式. 由假设条件 $(*)$，存在方程组 $(3-3-29)$ 的非平凡解. 由于 η_1 非平凡且 $\boldsymbol{\eta}_1 \boldsymbol{V}_3 = \boldsymbol{0}$，因此 $\boldsymbol{\eta}_1 \boldsymbol{V}_4 = (d_1, \cdots, d_M) \neq \boldsymbol{0}$.

令

$$\boldsymbol{\xi} = \boldsymbol{\eta} \begin{bmatrix} 0 \\ I \end{bmatrix}_{(N+M) \times (n+m)} \quad \boldsymbol{R}^{-1} = (c_1, \cdots, c_{n+m}).$$

从方程组$(3-3-29)$中我们知道 $\mathbf{grad}\rho_2\xi^t=0$. 另一方面,由函数 ρ_2 的 Levi-形式系数矩阵,我们得到

$$L\rho_2(\boldsymbol{\xi},\ \boldsymbol{\xi})=(c_1,\ \cdots,\ c_{n+m})\begin{pmatrix} 0 & 0 \\ 0 & q^2\mid w\mid^{2(q-1)} \end{pmatrix}(\bar{c}_1,\ \cdots,\ \bar{c}_{n+m})^{\mathrm{T}}\geqslant 0.$$

$$(3-3-30)$$

从 ξ 的定义得到,

$$\boldsymbol{\xi}(\boldsymbol{J}_F)^t=\boldsymbol{\eta}\begin{pmatrix} 0 & 0 \\ \boldsymbol{V}_3 & \boldsymbol{V}_4 \end{pmatrix}=\underbrace{(0,\ \cdots,\ 0,\ d_1,\ \cdots,\ d_M)}_{N+M}\quad (3-3-31)$$

则

$$L(\rho_1'\circ F)(\boldsymbol{\xi},\ \boldsymbol{\xi})=\boldsymbol{\xi}(\boldsymbol{J}_F)^t\begin{pmatrix} p'^2\mid z'\mid^{2(p'-1)} & 0 \\ 0 & -q'^2\mid w'\mid^{2(q'-1)} \end{pmatrix}(\overline{\boldsymbol{J}_F})\,\overline{\xi^t}$$

$$=-\sum_{j=1}^{M}\mid d_j\mid^2 q'^2\mid w'\mid^{2(q'-1)}<0.\qquad (3-3-32)$$

但这是不可能的. 因为 B 的局部定义函数 ρ_2 和 $\rho_1'\circ F$ 对于为其梯度零化的向量在它们的 Levi-形式作用下的值仅差一个正因子. 故式$(3-3-30)$ 和式$(3-3-32)$矛盾. 因此假设 $F(x_0)\in A'$ 是不可能的.

现在只剩下证明当 $x_0\in B$, $F(x_0)\in C'$ 也是不可能的. 如果 $x_0\in B$, $F(x_0)=0$, 且存在 x_0 的开邻域 U, 使得 $F(B\bigcap U)\equiv 0$. 由于 $B\bigcap U$ 是一个 $\Omega(p,q)$ 上的 $2(n+m)-1$ 维实流形, 则在 $\Omega(p,q)$ 上 $F\equiv 0$, 与 F 的定义矛盾. 否则存在 x_0 的开邻域 U, 由 F 的连续性, $F((B\backslash(E_1\bigcup E_2))\bigcap U)\bigcap A'\neq\phi$ 是不可能的, 因此证明 $x_0\in B$, $F(x_0)\in C'$. 从而完成引理 3.3.2 的证明.

引理 3.3.3 $F=(F_1,F_2)$ 如引理 3.3.2 所述, 则 F_2 与 $z=(z_1,\cdots,$

z_n) 无关.

证明 令 $w = (w_1, \cdots, w_m) \in B$. 从引理 3. 3. 1,我们知道 $F(B) \subset B'$,即,

$$\sum_{j=1}^{M} |F_{N+j}(z, w)|^{2q'_{N+j}} = 1. \qquad (3-3-33)$$

作用 $\sum_{k=1}^{n} \dfrac{\partial^2}{\partial z_k \partial \bar{z}_k}$ 于式 $(3-3-33)$,则有

$$\sum_{k=1}^{n} \sum_{j=1}^{M} q'^{2}_{N+j} \left| \frac{\partial F_{N+j}(z, w)}{\partial z_k} \right|^{2(q'_{N+j}-1)} = 0.$$

因此,在 B 上

$$\frac{\partial F_{N+j}(z, w)}{\partial z_k} \equiv 0, \ 1 \leqslant k \leqslant n; \ 1 \leqslant j \leqslant M.$$

由于 B 是 $\Omega(p, q)$ 上的一个 $2(n+m)-1$ 维实流形,且 $\dfrac{\partial F_{N+j}}{\partial z_k}$ 是全纯函数,故在整个 $\Omega(p, q)$ 上, $\dfrac{\partial F_{N+j}}{\partial z_k} \equiv 0, \ 1 \leqslant k \leqslant n; \ 1 \leqslant j \leqslant M$,即 F_2 与 z 无关.

证明 **第一步** 固定 w_0,使得 $|w_0|^{2q} = 1$,从定理 3. 3. 2 和引理 3. 3. 3,我们得到 $|F_2(w_0)|^{2q'} = 1$. 令逆紧全纯映射

$$F_{w_0}: \{z \in \mathbb{C}^n: 0 < |z|^{2p} < |w_0|^{2q} = 1\} \to$$

$$\{z' \in \mathbb{C}^N: 0 < |z'|^{2p'} < |F_2(w_0)|^{2q'} = 1\}.$$

由于 $F_{w_0}: B \to B'$,则 $\forall z_n \to 0$,其中 $z_n \in \{z \in \mathbb{C}^n: 0 < |z|^{2p} < |w_0|^{2q} = 1\}$, $F_{w_0}(z_n) \to 0$. 否则, $F_{w_0}(z_n) \to B'$. 利用 Hartogs 延拓定理,

我们可以向内延拓 F_{w_0}，仍用 F_{w_0} 来记延拓后的映射

$$F_{w_0}: \{z \in \mathbb{C}^n: \mid z \mid^{2p} < \mid w_0 \mid^{2q} = 1\} \rightarrow$$

$$\{z' \in \mathbb{C}^N: \mid z' \mid^{2p'} \leqslant \mid F_2(w_0) \mid^{2q'} = 1\}.$$

如果 $F_{w_0}(z_n) \rightarrow B'$，则 $\mid F_{w_0}(0) \mid = 1$，由次调和函数的边界极大值性，矛盾. 因此 $F_{w_0}(0) = 0$. 则从式（3-3-23），我们得到 $F_{w_0}^{p'} = (z^p \boldsymbol{A}(w_0), 0) \boldsymbol{B}(w_0)$.

第二步 从引理 3.3.3，F_2 和 z 无关，

$$F_2: \{w \in \mathbb{C}^m: 0 < \mid w \mid^{2q} < 1\} \rightarrow \{w' \in \mathbb{C}^M: 0 < \mid w' \mid^{2q'} < 1\}$$

是一个逆紧全纯映射，利用 Hartogs 延拓定理，我们可以延拓 F_2 使得

$$F_2: \{w \in \mathbb{C}^m: \mid w \mid^{2q} < 1\} \rightarrow \{w' \in \mathbb{C}^M: \mid w' \mid^{2q'} < 1\}$$

且 $F_2(0) = 0$. 再次利用式（3-3-23），

$$F_2^{q'}(w) = (w^q \boldsymbol{A}', 0) \boldsymbol{B}'. \qquad (3-3-34)$$

其中，$w \in \mathbb{C}^m$，$w' \in \mathbb{C}^M$，$\boldsymbol{U}(m)$，$\boldsymbol{U}(M)$ 分别为 m 和 M 阶酉矩阵群.

第三步 从以上 F_2 的具体表达式，我们知道对 $\forall w: \mid w \mid^{2q} = l \leqslant 1$，$\mid F_2(w) \mid^{2q'} = \mid w \mid^{2q}$. 对给定的 $w: \mid w \mid^{2q} = l \leqslant 1$，令逆紧全纯映射

$$F_1(z, w): \{z \in \mathbb{C}^n: 0 < \mid z \mid^{2p} < \mid w \mid^{2p'} = l^2\} \rightarrow$$

$$\{z' \in \mathbb{C}^N: 0 < \mid z' \mid^{2q} < \mid F_2(w) \mid^{2q'} = l^2\}.$$

利用 Hartogs 延拓定理，我们可以延拓 F_1 使得

$$F_1(z, w): \{z \in \mathbb{C}^n: \mid z \mid^{2p} < \mid w \mid^{2q} = l^2\} \rightarrow$$

$$\{z' \in \mathbb{C}^N: \mid z' \mid^{2p'} < \mid F_2(w) \mid^{2q'} = l^2\},$$

是一个逆紧全纯映射,且 $F_1(0, w) = 0$. 易证

$$F_1^{p'}(z, w) = \frac{|F_2(w)|^q}{|w|^q}(z^p A(w), 0)B(w) = \frac{l}{l}(z^p A(w), 0)B(w)$$

$$= (z^p A(w), 0)B(w).$$

其中, $A(w) \in U(n)$, $B(w) \in U(N)$, $U(n)$, $U(N)$ 分别为 n 和 N 阶段酉矩阵群. 因为 $F_1(z, w)$ 对 z 和 w 是全纯的, 因此

$$\frac{\mathrm{d}}{\mathrm{d}\overline{w}}(A(w), 0)B(w) = 0. \tag{3-3-35}$$

我们知道, $A(w)\overline{A^t(w)} = I_n$, $B(w)\overline{B^t(w)} = I_N$, 令

$$B(w) = \begin{bmatrix} B_1(w)B_2(w) \\ B_3(w)B_4(w) \end{bmatrix},$$

其中, $B_1(w)$ 是一个 $n \times n$ 矩阵, $B_2(w)$ 是一个 $n \times (N-n)$ 矩阵, 则 $(A(w), 0)B(w) = (A(w)B_1(w), A(w)B_2(w))$, 且

$$(A(w)B_1(w), A(w)B_2(w))\overline{(A(w)B_1(w), A(w)B_2(w))^t}$$

$$= A(w)B_1(w)\overline{(A(w)B_1(w))^t} + A(w)B_2(w)\overline{(A(w)B_2(w))^t}$$

$$= A(w)(B_1(w)\overline{B_1(w)^t} + B_2(w)\overline{B_2(w)^t})\overline{A(w)^t} = A(w)\overline{A(w)^t} = I_n.$$

令 $(A(w)B_1(w)) = (\varphi_{ij})_{1 \leqslant i, j \leqslant n}$, 且 $(A(w)B_2(w)) = (\psi_{ia})_{1 \leqslant i \leqslant n, 1 \leqslant a \leqslant N-n}$, 其中 φ_{ij}, ψ_{ia} 全纯依赖于 $w_1, \cdots, w_m$, 且

$$\sum_{1 \leqslant i, j \leqslant n} |\varphi_{ij}|^2 + \sum_{1 \leqslant i \leqslant n, 1 \leqslant a \leqslant N-n} |\psi_{ia}|^2$$

$$= \mathrm{tr}[(A(w)B_1(w), A(w)B_2(w))\overline{(A(w)B_1(w), A(w)B_2(w))^t}]$$

$$= n,$$

作用 $\sum\limits_{k=1}^{m} \dfrac{\partial^2}{\partial w_k \partial \overline{w}_k}$ 于上式，我们有

$$\sum_{1\leqslant i,\, j\leqslant n,\, 1\leqslant k\leqslant m} \left| \frac{\partial \varphi_{ij}}{\partial w_k} \right|^2 + \sum_{1\leqslant i\leqslant n,\, 1\leqslant a\leqslant N-n,\, 1\leqslant k\leqslant m} \left| \frac{\partial \psi_{ia}}{\partial w_k} \right|^2 = 0,$$

即，φ_{ij}，ψ_{ia} 都与 $w_1, \cdots, w_m$ 无关，因此 $\boldsymbol{A}(w)\boldsymbol{B}_1(w)$ 和 $\boldsymbol{A}(w)\boldsymbol{B}_2(w)$ 也都与 $w_1, \cdots, w_m$ 无关. 故可以找到 $A \in \boldsymbol{U}(n)$ 和 $B \in \boldsymbol{U}(N)$ 使得 $(\boldsymbol{A}(w), 0)\boldsymbol{B}(w) = (\boldsymbol{A}, 0)\boldsymbol{B}$. 因此

$$F_1^{p'}(z, w) = (z^p \boldsymbol{A}, 0)\boldsymbol{B}. \tag{3-3-36}$$

第四步 利用式 $(3-3-34)$，式 $(3-3-36)$ 和定理 3.3.2，我们可以找到置换 $\sigma \in S_n$，$\delta \in S_m$ 且 $\{p'_{k_i}\} \in P'$，$\{q'_{l_s}\} \in Q'$，使得 $\dfrac{p_{\sigma(i)}}{p'_{k_i}} \in Z^+$，$\dfrac{q_{\delta(s)}}{q'_{l_s}} \in Z^+$，$i = 1, 2, \cdots, n$，$s = 1, 2, \cdots, m$.

如果存在置换 $\sigma \in S_n$，$\delta \in S_m$ 且 $\{p'_{k_i}\} \in P'$，$\{q'_{l_s}\} \in Q'$，使得 $\dfrac{p_{\sigma(i)}}{p'_{k_i}} \in Z^+$，$\dfrac{q_{\delta(s)}}{q'_{l_s}} \in Z^+$，$i = 1, 2, \cdots, n$，$s = 1, 2, \cdots, m$. 则我们可以构造一个逆紧全纯映射 $F: \Omega(p, q) \to \Omega(p', q')$ 使得 $F(z_1, \cdots, z_n, w_1, \cdots, w_m) = (z_{\sigma(1)}^{\frac{p_{\sigma(1)}}{p'_{k_1}}}, \cdots, z_{\sigma(n)}^{\frac{p_{\sigma(n)}}{p'_{k_n}}}, 0, \cdots, 0, w_{\delta(1)}^{\frac{q_{\delta(1)}}{q'_{l_1}}}, \cdots, w_{\delta(m)}^{\frac{q_{\delta(m)}}{q'_{l_m}}}, 0, \cdots, 0)$. 易证 $F(0) = 0$. 定理 3.3.3 证毕. ■

从上述定理的结果来看，我们推广了 Landucci[82] 关于蛋型域在等维时的情况. 当然我们这里是在假设其上逆紧全纯映射保持原点不动的前提下. 我们曾试图去除此条件，但是基于目前作者的水平似乎还难以完成此项工作.

另一方面，定理 3.3.3 对逆紧全纯映射的存在性分析推广了文献[18]

关于等维前提下逆紧全纯映射存在性充要条件的结果. 容易验证, 如果我们的映射两边相应维数相等时, 即得等维时的情景. 我们给出的定理对维数实际上还有一个限制性的要求(＊). 如果能降低对此之要求也将是非常有意义的事情.

第**4**章

全纯函数的 Schwarz-Pick 估计

4.1 单位圆盘上全纯函数的 Schwarz-Pick 估计

4.1.1 引言

设 $\varphi(z)$ 在 $|z|<1$ 内全纯,且 $|\varphi(z)|<1$,则我们由 Schwarz 引理可知如下熟知的不等式:

$$|\varphi'(z)|\leqslant(1-|\varphi(z)|^2)/(1-|z|^2).$$

1984 年,文[4]得到了二阶与三阶导数的估计式. 当 $\varphi(z)$ 满足上述条件时,则

$$|\varphi''(z)|\leqslant\frac{2!(1+|z|)}{(1-|z|^2)^2}(1-|\varphi(z)|^2).$$

随后,文[5]将结果推广至 n 阶导数的一般估计式:

$$|\varphi^n(z)|\leqslant\frac{n!(1-|\varphi(z)|^2)}{(1-|z|^2)^n}\sum_{m=0}^{n-1}I(n,m)|z|^m,$$

其中, $I(n, 0) = 1$, $I(n, 1) = n-1$, $I(n, m) = \sum\limits_{k=1}^{m} \begin{bmatrix} n-1 \\ n-k-1 \end{bmatrix} I(n-k, m-k)$; $m \leqslant n-1$, $m = 1, 2, \cdots, n-1$.

文献[24]最近给出了关于单位圆盘上全纯函数 Schwarz-Pick 估计的最新结果. 其结果如下:

定理 4.1.1　[24]设 $\varphi(z)$ 在 $|z| < 1$ 内解析, 且 $|\varphi(z)| < 1$, 则

$$|\varphi^{(n)}(z)| \leqslant \frac{n!(1-|\varphi(z)|^2)}{(1-|z|^2)^n}(1+|z|)^{n-1}.$$

4.1.2　单位圆盘上全纯函数导数的一般估计

为了便于叙述, 以下记 $\mathcal{B} = \{\varphi(z): \varphi(z)$ 在 $\triangle$ 上全纯, 且 $|\varphi(z)| < 1\}$, 其中 $\triangle$ 为单位圆.

首先我们用很简单的方法证明以下熟知的不等式:

引理 4.1.1　[24]设 $\varphi(z) \in \mathcal{B}$, $\varphi(z) = \sum\limits_{n=0}^{\infty} a_n z^n$, 则当 $n \geqslant 1$ 时有 $|a_n| \leqslant 1 - |a_0|^2$.

要对系数 a_n 进行估计, 这里采用的主要方法是将全纯函数展开式中 a_n 项前的项削去, 再通过单位圆盘上的全纯自同构将 $a_n z^n$ 转化为新全纯函数的首项, 再利用熟知的 Schwarz 引理进行估计.

证明　考虑 $w^k = 1$, $k \geqslant 1$ 且 k 为整数. 记 $w_j = e^{\frac{2\pi i}{k} j}$, 其中 $j = 1, 2, \cdots, k$. 那么当 $s \geqslant k-1$ 且 s 为整数时, 我们有

$$w_1^s + w_2^s + \cdots + w_k^s = 0,$$

因为 $w_1^s + w_2^s + \cdots + w_k^s = w_1^s + w_1^{2s} + \cdots + w_1^{ks} = w_1^s(1 + w_1^s + w_1^{2s} + \cdots + w_1^{(k-1)s}) = w_1^s(w_1^s + w_1^{2s} + \cdots + w_1^{ks})$, 又 $w_1^s \neq 1$.

设 $f(z) = \dfrac{1}{k} \sum_{j=1}^{k} \varphi(w_j z)$，则

$$f(z) = a_0 + a_k z^k + a_{2k} z^{2k} + \cdots + a_{nk} z^{nk} + \cdots$$

考虑

$$g(z) = \frac{f(z) - a_0}{1 - \overline{a_0} f(z)} = b_k z^k + o(z^k),$$

其中，$b_k = \dfrac{a_k}{1 - |a_0|^2}$. 前式实际上是通过系数对比得到的.

根据 Cauchy 估计可知，若 $g(z) = \sum\limits_{n=0}^{\infty} b_n z^n$，且 $g(z) \in \mathcal{B}$，则 $|b_n| \leqslant 1$.

注意到 $g(z) \in \mathcal{B}$，则 $|b_k| \leqslant 1$，即 $|a_k| \leqslant 1 - |a_0|^2$，又 $k \geqslant 1$，所以当 $n \geqslant 1$ 时有 $|a_n| \leqslant 1 - |a_0|^2$. ■

下面给出定理 4.1.1 的证明.

证明 $\varphi(z) \in \mathcal{B}$，考虑

$$F(z) = \varphi\left(\frac{z + \zeta}{1 + \overline{\zeta} z}\right) = \sum_{v=0}^{\infty} c_v z^v \in \mathcal{B},$$

其中，c_v 与 ζ 有关.

$$\varphi(z) = F\left(\frac{z - \zeta}{1 - \overline{\zeta} z}\right) = \sum_{v=0}^{\infty} c_v \left(\frac{z - \zeta}{1 - \overline{\zeta} z}\right)^v \in \mathcal{B},$$

$$\varphi^{(n)}(\zeta) = \sum_{v=0}^{\infty} c_v \frac{\mathrm{d}^n}{\mathrm{d} z^n} \left(\frac{z - \zeta}{1 - \overline{\zeta} z}\right)^v \bigg|_{z = \zeta},$$

又当 $v \geqslant 1$ 时，令 $f(z) = (z - \zeta)^v$，$g(z) = (1 - \overline{\zeta} z)^{-v}$，则

$$\frac{\mathrm{d}^n}{\mathrm{d}z^n}\left(\frac{z-\zeta}{1-\bar{\zeta}z}\right)^v = \frac{\mathrm{d}^n}{\mathrm{d}z^n}\left[(z-\zeta)^v(1-\bar{\zeta}z)^{-v}\right]$$

$$= \frac{\mathrm{d}^n}{\mathrm{d}z^n}(f(z)g(z)) = \sum_{k=0}^{n}\binom{n}{k}f^{(k)}(z)g^{(n-k)}(z),$$

$$f^{(k)}(z) = \begin{cases} \dfrac{v!}{(v-k)!}(z-\zeta)^{v-k}, & k \leqslant v, \\[2mm] 0 & , k > v, \end{cases}$$

$$g^{(n-k)}(z) = \frac{(v+k-1)!}{(v-1)!}\bar{\zeta}^k(1-\bar{\zeta}z)^{-v-k}.$$

所以

$$\frac{\mathrm{d}^n}{\mathrm{d}z^n}\left(\frac{z-\zeta}{1-\bar{\zeta}z}\right)^v\Big|_{z=\zeta} = \begin{cases} 0 & , n < v, \\[2mm] \dfrac{(\bar{\zeta})^{n-v}}{(1-|\zeta|^2)^n}\dfrac{n!(n-1)!}{(n-v)!(v-1)!} & , n \geqslant v. \end{cases}$$

那么

$$\varphi^{(n)}(\zeta) = \sum_{v=0}^{\infty}c_v\frac{d^n}{dz^n}\left(\frac{z-\zeta}{1-\bar{\zeta}z}\right)^v\Big|_{z=\zeta}$$

$$= \sum_{v=1}^{n}c_v\frac{d^n}{dz^n}\left(\frac{z-\zeta}{1-\bar{\zeta}z}\right)^v\Big|_{z=\zeta}$$

$$= \sum_{v=1}^{n}c_v\frac{(\bar{\zeta})^{n-v}}{(1-|\zeta|^2)^n}\frac{n!(n-1)!}{(n-v)!(v-1)!}.$$

注意到 $c_0 = \varphi(\zeta)$，则由引理 4.1.1 有，当 $v \geqslant 1$ 时，

$$|c_v| \leqslant 1-|c_0|^2 = 1-|\varphi(\zeta)|^2,$$

那么

$$
\begin{aligned}
\mid \varphi^{(n)}(\zeta) \mid &\leqslant \sum_{v=1}^{n} \mid c_v \mid \frac{\mid \zeta \mid^{n-v}}{(1-\mid \zeta \mid^2)^n} \frac{n!(n-1)!}{(n-v)!(v-1)!} \\
&\leqslant \frac{n!(1-\mid \varphi(\zeta) \mid^2)}{(1-\mid \zeta \mid^2)^n} \sum_{v=1}^{n} \frac{(n-1)!}{(n-v)!(v-1)!} \mid \zeta \mid^{n-v} \\
&= \frac{n!(1-\mid \varphi(\zeta) \mid^2)}{(1-\mid \zeta \mid^2)^n} \sum_{m=0}^{n-1} \frac{(n-1)!}{m!(n-m-1)!} \mid \zeta \mid^m \\
&= \frac{n!(1-\mid \varphi(\zeta) \mid^2)}{(1-\mid \zeta \mid^2)^n} \sum_{m=0}^{n-1} \binom{n-1}{m} \mid \zeta \mid^m \\
&= \frac{n!(1-\mid \varphi(\zeta) \mid^2)}{(1-\mid \zeta \mid^2)^n} (1+\mid \zeta \mid)^{n-1}.
\end{aligned}
\tag{4-1-1}
$$

将 ζ 换成 z 即得定理结果. ∎

对于正实部函数 $f(z)$，若 $f(z)=\sum\limits_{n=0}^{\infty} c_n z^n$，那么利用其熟知的系数不等式 $\mid c_n \mid \leqslant 2\Re f(0)$ 以及前面定理 4.1.1 完全同样的方法得到如下结果：

定理 4.1.2 ［24］设 $f(z)$ 在 $\mid z \mid < 1$ 内解析，且 $\Re f(z) > 0$，则

$$
\mid f^{(n)}(z) \mid \leqslant \frac{2n!\Re f(z)}{(1-\mid z \mid^2)^n} (1+\mid z \mid)^{n-1}.
$$

与有界函数不同的是上述定理所得估计式已经相当精确，下面我们举个例子说明.

例子 4.1.1 设 $f(z)=\dfrac{1+z}{1-z}$，显然 $f(z)$ 是全纯函数且 $\Re f(z) > 0$.

通过计算可得 $f^{(n)}(z)=\dfrac{2n!}{(1-z)^{n+1}}$，则

$$
\mid f^{(n)}(z) \mid = \frac{2n!}{\mid 1-z \mid^{n+1}}.
$$

那么当 $z=x$，其中 x 是实数且 $0 \leqslant x \leqslant 1$ 时，$\mid f^{(n)}(x) \mid = \dfrac{2n!}{(1-x)^{n+1}}$，

而另一方面,由定理 4.1.2 的估计式可知

$$| f^{(n)}(x) | \leqslant \frac{2n! \Re f(x)}{(1-| x |)^n} \frac{1}{1+| x |} = \frac{2n! \frac{1+x}{1-x}}{(1-| x |)^n} \frac{1}{1+| x |}$$

$$= \frac{2n!}{(1-x)^{n+1}},$$

显然估计值与真实值完全相等.

4.2　单位球上全纯函数的高阶 Schwarz-Pick 估计

4.2.1　引言

前面我们介绍了单位圆盘上有界全纯函数与正实部全纯函数的高阶导数估计,很自然我们就可以提出一个问题,对于高维单位球上是否具有相似的性质? 然而$\mathbb{C}^n$中单位球$\mathbb{B}_n$上的结果并不多见. 在文献[13]中,作者给出了$\mathbb{C}^n$中单位球$\mathbb{B}_n$上 Schur-Agler 类函数的任意阶导数的估计,这里的 Schur-Agler 类函数只是有界全纯函数的一小部分满足特定条件的集合. 由于该集合的叙述非常复杂,这里我们就不一一赘述了. 本章我们将给出$\mathbb{C}^n$中单位球$\mathbb{B}_n$上的有界全纯函数的任意阶导数估计. 定理给出前,我们一起回忆一些常用的记号和标记.

4.2.2　主要定理

记复指标$v = (v_1, \cdots, v_n)$由 n 个非负整数v_i; $1 \leqslant i \leqslant n$ 组成,且记$| v | = \sum_{i=1}^n v_i$. 对向量$z = (z_1, \cdots, z_n) \in \mathbb{C}^n$, $| z | = \left(\sum_{i=1}^n | z_i |^2 \right)^{\frac{1}{2}}$,

记 $z^v = \Pi_{i=1}^n z_i^{v_i}$；同理，我们用 a_v 来表示有界全纯函数 Taylor 展开式中 z^v 的系数 $a_{v_1, \cdots, v_n}$.

记 Ω 是满足在 $\mathbb{B}_n$ 中 $|\varphi(z)| < 1$ 所有全纯函数 φ 的集合.

以下我们给出本文的主要定理：

定理 4.2.1 令 $\varphi(z) \in \Omega$. 则对任意的复指标 $m = (m, \cdots, m_n)$，

$$|\partial^m \varphi(z)| \leqslant \binom{n + |m| - 1}{n - 1}^{n+2} n^{\frac{|m|}{2}} \frac{|m|!(1 - |\varphi(z)|^2)}{(1 - |z|^2)^{|m|}} (1 + |z|)^{|m| - 1},$$

其中，$\partial^m \varphi(z) = \dfrac{\partial^{|m|} \varphi(z)}{\partial z_1^m \cdots \partial z_n^{m_n}}.$

容易证明当 $n = 1$ 时，上述定理即可诱导出定理 4.1.1.

由此，我们可以很容易地得到以下定理：

定理 4.2.2 令 $\varphi(z) \in \Omega$. 则对任意的复指标 $m = (m, \cdots, m_n)$

$$\sup_{z \in \mathbb{B}_n} \frac{|\partial^m \varphi(z)| (1 - |z|^2)^{|m|}}{1 - |\varphi(z)|^2} \leqslant \binom{n + |m| - 1}{n - 1}^{n+2} n^{\frac{|m|}{2}} |m|! 2^{|m| - 1}.$$

4.2.3 重要引理及其证明

为证明定理 4.2.2，我们首先给出如下引理. 而且读者很容易可以看出该引理在一维的情况时就是引理 4.1.1.

引理 4.2.1 令 $\varphi(z) \in \Omega$ 且

$$\varphi(z) = \sum_{u=0}^{\infty} \sum_{|v|=u} a_v z^v, \tag{4-2-1}$$

则

$$|a_v| \leqslant n^{\frac{|v|}{2}} (1 - |a_0|^2).$$

本引理是定理 4.2.2 证明的关键,引理证明的主要思路是将全纯函数展开式中 a_v 项前的项削去,再通过单位圆盘上的全纯自同构将 $a_n z^n$ 转化为新全纯函数的首项,再将所求出的函数限制在单位球的对角线上,最后利用熟知的 Schwarz 引理进行估计. 值得注意的是引理 4.2.1 给出的估计是一个最佳估计. 我们通过一个例子说明该估计的精确性.

证明 **第一步** $v_i \in \mathbb{Z}^+$; $i = 1, \cdots, n$.

对任意 $i = 1, \cdots, n$, 令 w_{i_j} 满足 $w_{i_j}^{v_i} = 1$; $1 \leqslant i_j \leqslant v_i$, $i = 1, \cdots, n$. 众所周知如果 $s < v_i$, 则 $\sum_{i_j=1}^{v_i} w_{i_j}^s = 0$. 令

$$\varphi_1(z) := \frac{1}{\prod_{i=1}^n v_i} \sum_{1 \leqslant i_j \leqslant v_i, i=1, \cdots, n} \varphi(w_{1_j} z_1, \cdots, w_{n_j} z_n).$$

则 $\varphi_1(z) \in \Omega$ 且

$$\varphi_1(z) = a_0 + \sum_{i=1}^n a_{v_i} z_i^{v_i} + \sum_{i \neq j} a_{v_i, v_j} z_i^{v_i} z_j^{v_j} + \cdots + a_v z^v$$

$$+ \sum_{i=1}^n a_{2v_i} z_i^{2v_i} + \sum_{i \neq j} a_{2v_i, 2v_j} z_i^{2v_i} z_j^{2v_j} + \cdots + a_{2v} z^{2v} + \cdots.$$

令 w_j 满足 $w_j^{|v|} = 1$, $1 \leqslant j \leqslant |v|$. 则当 $s < |v|$ 时, $\sum_{j=1}^{|v|} w_j^s = 0$.

令 $\varphi_2(z) := \frac{1}{|v|} \sum_{1 \leqslant j \leqslant v} \varphi_1(w_j z_1, \cdots, w_j z_n) \in \Omega$, 则

$$\varphi_2(z) = a_0 + a_v z^v + \psi_2(z_1^{v_1}, \cdots, z_n^{v_n}) + a_{2v} z^{2v} + \cdots$$

其中,$\psi_2(z_1^{v_1}, \cdots, z_n^{v_n})$ 是 $|v|$ 阶齐次多项式,且不包括含有 z^v 的项. 我们用 $o(z_1^{v_1}, \cdots, z_n^{v_n})$ 来表示含有 $(z_1^{v_1}, \cdots, z_n^{v_n})$ 的高阶项(阶数大于等于 $|v|$). 令

$$\varphi_3(z) := \frac{\varphi_2(z) - a_0}{1 - \bar{a}_0 \varphi_2(z)} = b_v z^v + \psi_3(z_1^{v_1}, \cdots, z_n^{v_n})$$

$$+ o(z_1^{v_1}, \cdots, z_n^{v_n}) \in \Omega,$$

其中 $b_v = \dfrac{a_v}{1-\mid a_0 \mid^2}$，$\psi_3 = \dfrac{\psi_2}{1-\mid a_0 \mid^2}$，且

$$\psi_3(z_1^{v_1}, \cdots, z_n^{v_n}) = \sum_{\mid \alpha v \mid = \mid v \mid, \, \alpha \neq (1, \cdots, 1)} b_{a_1 v_1, \cdots, a_n v_n} z_1^{\alpha_1 v_1} \cdots z_n^{\alpha_n v_n},$$

$$(4-2-2)$$

除了 $\alpha = (1, \cdots, 1)$ 之外，对所有的指标 $\alpha = (\alpha_1, \cdots, \alpha_n)$ 求和使得 $\mid \alpha v \mid = \sum_{i=1}^{n} \alpha_i v_i = \mid v \mid$.

不失一般性，我们假设 $v_1 = \min\{v_i; \ i = 1, \cdots, n\}$，且 $k := \left[\dfrac{\mid v \mid}{v_1}\right] \geqslant 2$，$kv_1 \leqslant \mid v \mid$.

令 ξ_j 满足 $\xi_j^{v_1(k+1)} = 1$；$1 \leqslant j \leqslant v_1(k+1)$. 则如果 $s < v_1(k+1)$，

$$\sum_{j=1}^{v_1(k+1)} \xi_j^s = 0. \qquad (4-2-3)$$

令 η_{j_i} 是方程 $x^{\mid v \mid - v_1} - \bar{\xi}_j^{v_1} = 0$；$1 \leqslant i \leqslant \mid v \mid - v_1$，$1 \leqslant j \leqslant v_1(k+1)$ 的根，则 $\eta_{j_i}^{(\mid v \mid - v_1)(k+1)} = \bar{\xi}_j^{v_1(k+1)} = 1$ 且 $\xi_j^{v_1} \eta_{j_i}^{v_2} \cdots \eta_{j_i}^{v_n} = \xi_j^{v_1} \eta_{j_i}^{\mid v \mid - v_1} = \xi_j^{v_1} \bar{\xi}_j^{v_1} = 1$；$\forall i = 1, \cdots, \mid v \mid - v_1$，$j = 1, \cdots, v_1(k+1)$.

令

$$\varphi_4(z) := \frac{1}{(k+1)v_1(\mid v \mid - v_1)} \sum_{j=1}^{v_1(k+1)} \sum_{i=1}^{\mid v \mid - v_1} \varphi_3(\xi_j z_1, \eta_{j_i} z_2, \cdots, \eta_{j_i} z_n),$$

则 $\varphi_4(z) \in \Omega$，且

$$\varphi_4(z) = b_v z^v + \psi_4(z^v) + o(z_1^{v_1}, \cdots, z_n^{v_n}),$$

其中

$$\psi_4(z^v) = \frac{1}{(k+1)v_1(\mid v \mid - v_1)} \sum_{j=1}^{v_1(k+1)} \sum_{i=1}^{\mid v \mid - v_1}$$

$$\psi_3((\xi_j z_1)^{v_1}, (\eta_{j_i} z_2)^{v_2}, \cdots, (\eta_{j_i} z_n)^{v_n})$$

$$= \frac{1}{(k+1)v_1(|v|-v_1)} \sum_{j=1}^{v_1} \sum_{i=1}^{(k+1)|v|-v_1} \sum_{|av|=|v|, a \neq (1, \cdots, 1)}$$

$$b_{a_1 v_1, \cdots, a_n v_n} \xi_j^{a_1 v_1} \eta_{j_i}^{|v|-a_1 v_1} z_1^{a_1 v_1} \cdots z_n^{a_n v_n}, \tag{4-2-4}$$

且 ψ_4 是 $|v|$ 阶的其次多项式. 因为

$$\sum_{j=1}^{v_1} \sum_{i=1}^{(k+1)|v|-v_1} \xi_j^{a_1 v_1} \eta_{j_i}^{|v|-a_1 v_1} = \sum_{j=1}^{v_1} \sum_{i=1}^{(k+1)|v|-v_1} (\overline{\eta}_{j_i}^{|v|-v_1})^{a_1} \eta_{j_i}^{|v|-a_1 v_1}$$

$$= \sum_{j=1}^{v_1} \sum_{i=1}^{(k+1)|v|-v_1} \overline{\eta}_{j_i}^{a_1 |v|} \eta_{j_i}^{|v|}$$

$$= \sum_{j=1}^{v_1} \sum_{i=1}^{(k+1)|v|-v_1} \overline{\eta}_{j_i}^{(a_1-1)|v|}, \tag{4-2-5}$$

现在我们断言: 当 $1 < s < (k+1)(|v|-v_1)$

$$\sum_{j=1}^{v_1} \sum_{i=1}^{(k+1)|v|-v_1} \eta_{j_i}^s = v_1 \sum_{j=1}^{k+1} \sum_{i=1}^{|v|-v_1} \eta_{j_i}^s = 0. \tag{4-2-6}$$

令 $s = (|v|-v_1)t + p$, 其中 t, p 都是非负整数, $t < k+1$ 且 $p < |v|-v_1$.

如果 $p \neq 0$, $\sum_{i=1}^{|v|-v_1} \eta_{j_i}^s = \sum_{i=1}^{|v|-v_1} \eta_{j_i}^{(|v|-v_1)t} \eta_{j_i}^p = \overline{\xi}_j^{v_1 t} \sum_{i=1}^{|v|-v_1} \eta_{j_i}^p$, 则

$$\sum_{i=1}^{|v|-v_1} \eta_{j_i}^p = 0,$$

因为 $p < |v|-v_1$, $\eta_{j_i}^{|v|-v_1} = \overline{\xi}_j$; $1 \leqslant i \leqslant |v|-v_1$, 有式 $(4-2-3)$.

如果 $p = 0$, 即, $s = (|v|-v_1)t$; $t \in \mathbb{Z}^+$, 则由 $v_1 t < v_1(k+1)$,

$$\sum_{j=1}^{v_1} \sum_{i=1}^{(k+1)|v|-v_1} \eta_{j_i}^s = \sum_{j=1}^{v_1(k+1)} \overline{\xi}_j^{v_1 t} = 0,$$

因此式 $(4-2-6)$ 成立.

如果 $\alpha_1 \neq 1$, 则从式 $(4-2-5)$, 式 $(4-2-6)$ 可得

$$\sum_{j=1}^{v_1(k+1)|v|-v_1} \sum_{i=1}^{v_1(k+1)|v|-\alpha_1 v_1} \xi_j^{\alpha_1 v_1} \eta_{j_i}^{|v|-\alpha_1 v_1} = \sum_{j=1}^{v_1(k+1)|v|-v_1} \sum_{i=1}^{v_1(k+1)|v|-v_1} \overline{\eta}_{j_i}^{(\alpha_1-1)|v|} \equiv 0, \quad (4-2-7)$$

因为当 $\alpha_1 = 0$ 时, $|v| \leqslant 2(|v|-v_1) < (k+1)(|v|-v_1)$; 当 $\alpha_1 > 1$ 时,
$(\alpha_1-1)|v| \leqslant (k-1)|v| \leqslant k(|v|-v_1) < (k+1)(|v|-v_1)$.

利用式 $(4-2-7)$, $\psi_4(z^v)$ 可以如下表示:

$$\psi_4(z^v) = \frac{1}{(k+1)v_1(|v|-v_1)}$$
$$\sum_{\sum_{i=2}^{n} \alpha_i v_i = |v|-v_1} b_{v_1, a_2 v_2, \cdots, a_n v_n} \cdot z_1^{v_1} z_2^{a_2 v_2} \cdots z_n^{a_n v_n}, \quad (4-2-8)$$

则

$$\varphi_4(z) = b_v z^v + \psi_4(z^v) + o(z_1^{v_1}, \cdots, z_n^{v_n})$$
$$= z_1^{v_1} \left(b_v z_2^{v_2} \cdots z_n^{v_n} + \frac{1}{(k+1)v_1(|v|-v_1)} \right.$$
$$\left. \sum_{\sum_{i=2}^{n} \alpha_i v_i = |v|-v_1} b_{v_1, a_2 v_2, \cdots, a_n v_n} \cdot z_2^{a_2 v_2} \cdots z_n^{a_n v_n} \right). \quad (4-2-9)$$

现在从 φ_4 来构造函数 φ_{41}. 构造方法如同从 φ_3 来构造函数 φ_4 一样, 只是将构造过程中的 $(z_2, \cdots, z_n)$ 和 $|v|-v_1$ 用 $(z_1, \cdots, z_n)$ 和 $|v|$ 来分别代替. 不失一般性, 设 $v_2 = \min\{v_i; i = 2, \cdots, n\}$, $k_1 := \left[\frac{|v|-v_1}{v_2} \right]$. 然后利用证明 ψ_4 只包含 $z_1^{v_1} z_2^{a_2 v_2} \cdots z_n^{a_n v_n}$ 项的方法证明 $\varphi_{41} \in \Omega$ 且

$$\varphi_{41}(z) = b_v z^v + \psi_{41}(z_1^{v_1}, \cdots, z_n^{v_n}) + o(z_1^{v_1}, \cdots, z_n^{v_n}),$$
$$(4-2-10)$$

其中, ψ_{41} 只含有 $z_1^{v_1} z_2^{v_2} z_3^{a_3 v_3} \cdots z_n^{a_n v_n}$ 项.

重复以上步骤可得 $\varphi_{42} \in \Omega$ 且

$$\varphi_{42}(z) = b_v z^v + \psi_{42}(z_1^{v_1}, \cdots, z_n^{v_n}) + o(z_1^{v_1}, \cdots, z_n^{v_n}),$$
$$(4-2-11)$$

其中，ψ_{42} 只含有 $z_1^{v_1} z_2^{v_2} z_3^{v_3} z_3^{a_3 v_3} \cdots z_n^{a_n v_n}$ 项.

重复以上步骤直到第 $(n-2)$ 步，则可以得到 $\varphi_{4(n-2)} \in \Omega$ 且

$$\varphi_{4(n-2)}(z) = b_v z^v + \psi_{4(n-2)}(z_1^{v_1}, \cdots, z_n^{v_n})$$
$$+ o(z_1^{v_1}, \cdots, z_n^{v_n}), \qquad (4-2-12)$$

其中 $\psi_{4(n-2)}$ 只含有 $z_1^{v_1} \cdots z_{n-1}^{v_{n-1}} z_n^{a_n v_n}$ 项. 因为 $\sum\limits_{i=1}^{n-1} v_i + a_n v_n = |v|$，故 a_n 必为 1，但这是不可能的，因为 ψ_4，ψ_{41}，$\cdots$，$\psi_{4(n-3)}$ 并不包含项 $z_1^{v_1} \cdots z_n^{v_n}$，因此 $\psi_{4(n-2)}$ 为零，且

$$\varphi_{4(n-2)}(z) = b_v z^v + o(z^v).$$

第二步　现在我们知道函数 $\varphi_{4(n-2)} \in \Omega$，且 $\varphi_{4(n-2)}$ 都是关于 $z_1^{v_1}$，$\cdots$，$z_n^{v_n}$ 的全纯函数. 限制 $\varphi_{4(n-2)}$ 于复直线 $L = \left\{ z_1 = \cdots = z_n = \dfrac{1}{\sqrt{n}} t \mid t \in \mathbb{C} \right\}$ 和 $\mathbb{B}_n$ 的父集上，令

$$\varphi_5(t) : = \varphi_{4(n-2)}(z) \mid_{L \cap \mathbb{B}_n} = b_v \left(\frac{1}{n} \right)^{\frac{|v|}{2}} t^{|v|} + o t^{|v|}.$$

$\varphi_5(t)$ 是 $\triangle = \{ t \in \mathbb{C} \mid |t| < 1 \}$ 上的全纯函数且 $|\varphi_5(t)| < 1$.

令 $\varphi_6(t) : = \dfrac{\varphi_5(t)}{t^{|v|}}$，则 $\varphi_6(t)$ 是 $\triangle$ 上的全纯函数，且 $\varphi_6(0) = b_v \left(\dfrac{1}{n} \right)^{\frac{|v|}{2}}$. 由 $|\varphi_5(t)| < 1$ 和极大值原理，我们得到 $|\varphi_6(0)| =$

$\left|b_v\left(\dfrac{1}{n}\right)^{\frac{|v|}{2}}\right| \leqslant 1$，因此

$$|a_v| = (1-|a_0|^2)|b_v| \leqslant (1-|a_0|^2)n^{\frac{|v|}{2}}.$$

第三步 我们已经在 $v_i \in \mathbb{Z}^+$；$i = 1, \cdots, n$ 的情况下证明了引理 4.2.1.

现在我们来考虑某些 v_i 等于零的情况. 不失一般性，假设 $v_{s+1} =$，$\cdots$，$= v_n = 0$，令

$$\widetilde{\varphi}(z_1, \cdots, z_n) := \varphi(z_1, \cdots, z_s, 0, \cdots, 0).$$

$\widetilde{\varphi}$ 是 $\mathbb{B}_s$ 上的全纯函数，且 $|\widetilde{\varphi}(z_1, \cdots, z_s)| < 1$. 则 $\widetilde{\varphi}(z_1, \cdots, z_s) = \sum\limits_{s=0}^{\infty}\sum\limits_{|v|=s} c_v z^v$，其中 $z^v = \prod_{i=1}^s z_i^{v_i}$，$c_v = c_{v_1, \cdots, v_s}$. 显然，这里的 c_v 就等于 $\varphi(z)$ 的展开式（4-2-1）中的 a_v. 对函数 $\widetilde{\varphi}(z)$，做类似函数 $\varphi(z)$ 的处理，我们得到 $|a_v| = |c_v| \leqslant n^{\frac{|v|}{2}}(1-|a_0|^2)$.

完成引理 4.2.1 的证明. ■

下面我们给出一个例子来说明我们引理 4.2.1 中的估计是一个最佳估计.

例子 4.2.1 令 $f(z, w) = 2^m z^m w^m$. 显然，这是一个 $\mathbb{B}_2$ 上的全纯函数，同时，$|z^m w^m| = |zw|^m \leqslant \left(\dfrac{|z|^2+|w|^2}{2}\right)^m \leqslant \dfrac{1}{2^m}$，因此在 $\mathbb{B}_2$ 上，函数满足 $|f(z, w)| < 1$.

利用引理 4.2.1 的结果，我们可以得到 $|a_v| \leqslant n^{\frac{|v|}{2}}(1-|a_0|^2)$. 例子中的 $n = 2$，$|v| = m+m = 2m$，$a_0 = f(0, 0) = 0$，从展开式（4-2-1），有 $a_v \leqslant 2^{\frac{2m}{2}} = 2^m$. 另一方面，函数 $f(z, w)$ 中 $a_{m, m} = 2^m$，这就意味着引理 4.2.1 中的估计是一个最佳估计.

4.2.4 定理证明

接下来我们证明定理 4.2.1.

证明 令 $\tau(z) \in \mathrm{Aut}(\mathbb{B}_n)$，其中 $\mathrm{Aut}(\mathbb{B}_n)$ 是单位球 $\mathbb{B}_n$ 的自同构群. 利用单位球上自同构群的具体表示式[118]，得到

$$\tau: (z_1, \cdots, z_n) \to (\tau_1(z), \cdots, \tau_n(z)),$$

$$\tau^t(z) = \frac{Q(z^t - \zeta^t)}{R(1 - \overline{\zeta} z^t)} = \left[\frac{Q_1(z^t - \zeta^t)}{R(1 - \overline{\zeta} z^t)}, \cdots, \frac{Q_n(z^t - \zeta^t)}{R(1 - \overline{\zeta} z^t)} \right],$$

其中

$$\zeta \in \mathbb{B}_n, \quad Q = \begin{pmatrix} Q_1 \\ \vdots \\ Q_n \end{pmatrix} = (q_{jk})_{1 \leqslant j, k \leqslant n},$$

这里

$$Q(I - \zeta^t \overline{\zeta}) \overline{Q}^t = I, \quad \overline{R}(1 - \zeta \overline{\zeta}^t) R = 1, \qquad (4\text{-}2\text{-}13)$$

其中 I 是单位阵. 令

$$P = \frac{Q}{R} = \begin{pmatrix} P_1 \\ \vdots \\ P_n \end{pmatrix} = (p_{jk})_{1 \leqslant j, k \leqslant n}.$$

对 $\varphi(z) \in \Omega$，我们令

$$F(z) := \varphi(\tau^{-1}(z)) = \sum_{s=0}^{\infty} \sum_{|v|=u} c_v z^v,$$

则

$$\varphi(z) = F(\tau(z)) = \sum_{u=0}^{\infty} \sum_{|v|=u} c_v \frac{(P_1(z^t - \zeta^t))^{v_1} \cdots (P_n(z^t - \zeta^t))^{v_n}}{(1 - \overline{\zeta} z^t)^{|v|}},$$

令 $f_v(z) = (P_1(z^t - \zeta^t))^{v_1} \cdots (P_n(z^t - \zeta^t))^{v_n}$，$g_v(z) = (1 - \overline{\zeta} z^t)^{-|v|}$，则对复指标 $m = (m_1, \cdots, m_n)$ 我们有

$$\frac{\partial^{|m|} \varphi}{\partial z_1^m \cdots \partial z_n^{m_n}} = \sum_{u=0}^{\infty} c_v \frac{\partial^{|m|} (f_v(z) g_v(z))}{\partial z_1^m \cdots \partial z_n^{m_n}}.$$

因此对 $|m| \geqslant |v|$，$m_i \geqslant v_i$；$i = 1, \cdots, n,$

$$\frac{\partial^{|m|} (f_v(z) g_v(z))}{\partial z_1^m \cdots \partial z_n^{m_n}} = \sum_{|l|=|v|} \frac{\partial^{|v|} f_v(z)}{\partial z_1^{l_1} \cdots \partial z_n^{l_n}} \frac{\partial^{|m|-|v|} g_v(z)}{\partial z_1^{m_1-l_1} \cdots \partial z_n^{m_n-l_n}} \Pi_{i=1}^n \begin{pmatrix} m_i \\ l_i \end{pmatrix}.$$

从式(4-2-13)，我们有 $\boldsymbol{P}(\boldsymbol{I} - \zeta^t \overline{\zeta}) \overline{\boldsymbol{P}}^t = (1 - |\zeta|^2) \boldsymbol{I}$，其中 $\zeta^t \overline{\zeta}$ 是一个 Hermitian 矩阵，则一定存在一个酉矩阵 $\boldsymbol{U}_\zeta$ 使得

$$\overline{\boldsymbol{U}}_\zeta^t \zeta^t \overline{\zeta} \boldsymbol{U}_\zeta = \begin{pmatrix} |\zeta|^2 & 0 & \cdots & 0 \\ 0 & 0 & \cdots & 0 \\ \vdots & \vdots & \ddots & \vdots \\ 0 & 0 & \cdots & 0 \end{pmatrix}, =, \zeta^t \overline{\zeta}$$

$$= \boldsymbol{U}_\zeta \begin{pmatrix} |\zeta|^2 & 0 & \cdots & 0 \\ 0 & 0 & \cdots & 0 \\ \vdots & \vdots & \ddots & \vdots \\ 0 & 0 & \cdots & 0 \end{pmatrix} \overline{\boldsymbol{U}}_\zeta^t,$$

由于 $\operatorname{rank}(\zeta^t \overline{\zeta}) = 1$ 且 $\operatorname{tr}(\zeta^t \overline{\zeta}) = |\zeta|^2$，则

$$\boldsymbol{P}(\boldsymbol{I} - \zeta^t \overline{\zeta}) \overline{\boldsymbol{P}}^t = \boldsymbol{P} \boldsymbol{U}_\zeta \begin{pmatrix} 1 - |\zeta|^2 & 0 & \cdots & 0 \\ 0 & 1 & \cdots & 0 \\ \vdots & \vdots & \ddots & \vdots \\ 0 & 0 & \cdots & 1 \end{pmatrix} \overline{\boldsymbol{U}}_\zeta^t \overline{\boldsymbol{P}}^t = (1 - |\zeta|^2) \boldsymbol{I}.$$

我们令

$$
\boldsymbol{P} = \begin{bmatrix} 1 & 0 & \cdots & 0 \\ 0 & (1-|\boldsymbol{\zeta}|^2)^{\frac{1}{2}} & \cdots & 0 \\ \vdots & \vdots & \ddots & \vdots \\ 0 & 0 & \cdots & (1-|\boldsymbol{\zeta}|^2)^{\frac{1}{2}} \end{bmatrix} \bar{\boldsymbol{U}}_\zeta^t,
$$

则 $|p_{jk}| \leqslant 1; \ 1 \leqslant j, k \leqslant n.$

$$
\begin{aligned}
f_v(z) &= \Pi_{i=1}^n \sum_{\sum_{j=1}^n v_{ij}=v_i} \Pi_{j=1}^n p_{ij}^{v_{ij}} (z_j - \zeta_j)^{v_{ij}} \\
&= \sum_{\sum_{j=1}^n v_{ij}=v_i,\, i=1,\cdots,n} \Pi_{i,j=1}^n p_{ij}^{v_{ij}} \Pi_{j=1}^n (z_j - \zeta_j)^{l_j},
\end{aligned}
$$

其中 $l_j = \sum_{i=1}^n v_{ij}$ 且 $\sum_{i=1}^n l_i = |v|.$ 则当 $|l| = |v|$ 时

$$
\left| \frac{\partial^{|v|} f_v(\zeta)}{\partial z_1^{l_1} \cdots \partial z_n^{l_n}} \right| \leqslant \Pi_{i=1}^n l_i! \binom{n+l_i-1}{n-1}, \qquad (4-2-14)
$$

当 $|v| \neq |l|$ 时 $\dfrac{\partial^{|v|} f_v(\zeta)}{\partial z_1^{l_1} \cdots \partial z_n^{l_n}} = 0.$ 另一方面

$$
\frac{\partial^{|m|-|v|} g_v(z)}{\partial z_1^{m_1-l_1} \cdots \partial z_n^{m_n-l_n}} = \frac{|v| \cdots (|m|-1)}{(1-|\zeta|^2)^{|m|}} \bar{\zeta}_1^{m_1-l_1} \cdots \bar{\zeta}_n^{m_n-l_n}.
$$

因此,

$$
\begin{aligned}
\frac{\partial^{|m|} \varphi(\zeta)}{\partial z_1^{m_1} \cdots \partial z_n^{m_n}} &= \sum_{u=0}^{\infty} \sum_{|v|=u} c_v \frac{\partial^{|m|} (f_v(\zeta) g_v(\zeta))}{\partial z_1^{m_1} \cdots \partial z_n^{m_n}} \\
&= \sum_{u=0}^{|m|} \sum_{|v|=u} c_v \sum_{|l|=|v|} \frac{\partial^{|v|} f_v(\zeta)}{\partial z_1^{l_1} \cdots \partial z_n^{l_n}} \frac{\partial^{|m|-|v|} g_v(\zeta)}{\partial z_1^{m_1-l_1} \cdots \partial z_n^{m_n-l_n}} \Pi_{i=1}^n \binom{m_i}{l_i}.
\end{aligned}
$$

注意到 $c_0 = \varphi(\zeta)$，因此根据引理 4.2.1，我们得到

$$|c_v| \leqslant n^{\frac{|v|}{2}}(1-|c_0|^2) = n^{\frac{|v|}{2}}(1-|\varphi(\zeta)|^2).$$

代入上式得：

$$\left|\frac{\partial^{|m|}\varphi(\zeta)}{\partial z_1^m \cdots \partial z_n^{m_n}}\right| \leqslant \sum_{s=0}^{\infty}\sum_{|v|=u}|c_v|\left|\frac{\partial^{|m|}(f_v(\zeta)g_v(\zeta))}{\partial z_1^m \cdots \partial z_n^{m_n}}\right|$$

$$\leqslant \sum_{s=0}^{|m|}\sum_{|v|=u}|c_v|\sum_{|l|=|v|}\left|\frac{\partial^{|v|}f_v(\zeta)}{\partial z_1^{l_1}\cdots\partial z_n^{l_n}}\right|\left|\frac{\partial^{|m|-|v|}g_v(z)}{\partial z_1^{m-l_1}\cdots\partial z_n^{m_n-l_n}}\right|\Pi_{i=1}^n\binom{m_i}{l_i}$$

$$\leqslant \sum_{u=1}^{|m|}\sum_{|v|=u}|c_v|\sum_{|l|=|v|}\left|\frac{\partial^{|v|}f_v(\zeta)}{\partial z_1^{l_1}\cdots\partial z_n^{l_n}}\right|\left|\frac{\partial^{|m|-|v|}g_v(\zeta)}{\partial z_1^{m-l_1}\cdots\partial z_n^{m_n-l_n}}\right|\sum_{|l|=|v|}\Pi_{i=1}^n\binom{m_i}{l_i}$$

$$\leqslant \sum_{u=1}^{|m|}\sum_{|v|=u}|c_v|\binom{n+|v|-1}{n-1}\Pi_{i=1}^n l_i!\binom{n+l_i-1}{n-1}\frac{|v|\cdots(|m|-1)}{(1-|\zeta|^2)^{|m|}}$$

$$\times|\zeta|^{|m|-|v|}\binom{|m|}{|v|}$$

$$\leqslant \sum_{u=1}^{|m|}\frac{n^{\frac{|v|}{2}}(1-|\varphi(\zeta)|^2)|v|\cdots(|m|-1)}{(1-|\zeta|^2)^{|m|}}|\zeta|^{|m|-|v|}\binom{|m|}{|v|}$$

$$\times\binom{n+|v|-1}{n-1}^2\Pi_{i=1}^n l_i!\binom{n+l_i-1}{n-1}$$

$$\leqslant \frac{n^{\frac{|m|}{2}}(1-|\varphi(\zeta)|^2)}{(1-|\zeta|^2)^{|m|}}\sum_{|v|=1}^{|m|}|v|\cdots(|m|-1)\binom{|m|}{|v|}|v|!|\zeta|^{|m|-|v|}$$

$$\times\binom{n+|v|-1}{n-1}^2\Pi_{i=1}^n\binom{n+l_i-1}{n-1}$$

$$\leqslant \frac{n^{\frac{|m|}{2}}(1-|\varphi(\zeta)|^2)}{(1-|\zeta|^2)^{|m|}}\sum_{|v|=1}^{|m|}\frac{|m|!(|m|-1)!}{(|m|-|v|)!(|v|-1)!}|\zeta|^{|m|-|v|}$$

$$\times \Pi_{i=1}^{n} \binom{n+l_i-1}{n-1} \binom{n+|v|-1}{n-1}^2$$

$$\leqslant \frac{n^{\frac{|m|}{2}}(1-|\varphi(\zeta)|^2)}{(1-|\zeta|^2)^{|m|}}$$

$$\sum_{|v|=1}^{|m|} \frac{|m|!(|m|-1)!}{(|m|-|v|)!(|v|-1)!} |\zeta|^{|m|-|v|} \binom{n+|v|-1}{n-1}^{n+2}$$

$$\leqslant \frac{n^{\frac{|m|}{2}}(1-|\varphi(\zeta)|^2)}{(1-|\zeta|^2)^{|m|}} |m|!(1+|\zeta|)^{|m|-1} \binom{n+|m|-1}{n-1}^{n+2}$$

$$= \binom{n+|m|-1}{n-1}^{n+2} n^{\frac{|m|}{2}} \frac{|m|!(1-|\varphi(\zeta)|^2)}{(1-|\zeta|^2)^{|m|}} (1+|\zeta|)^{|m|-1}.$$

最后,用 z 来代替 ζ,定理 4.2.1 证明完毕. ■

　　容易看出,当 $n=1$ 时,我们的结论即定理 4.1.1 和引理 4.1.1.从详细的计算过程可以看出,为了计算的方便我们的估计做了一些放大,也许通过更为复杂的计算可以将我们最后的结果估计得更加精确.另外,我们也猜测在强拟凸域上,或者更加一般地,在有界域上,是否有相应的全纯函数的高阶导数估计.

第5章

非紧致 Kähler 流形上的全纯 Lefschetz 不动点形式

5.1 Bergman 核基础知识

5.1.1 Bergman 核

给定一个域 $D \subset \mathbb{C}^n$, 我们考虑 D 上平方可积函数构成的 Hilbert 空间 $L^2(D)$, 其内积表示如下:

$$(f, g)_D = \int_D f \, \overline{g} \, \mathrm{d}V.$$

记 $H^2(D)$ 为 D 上平方可积的全纯函数空间, 显然它是 $L^2(D)$ 的一个闭子空间, 于是其本身也是一个 Hilbert 空间. 定义有界线性泛函 $\eta_w : H^2(D) \to \mathbb{C}$, $\eta_w(f) = f(w)$. 由 Riesz 表示定理, 存在 $H^2(D)$ 中唯一的元素, 记为 $K_D(\cdot, w)$, 使得

$$f(w) = \eta_w(f) = (f, K_D(\cdot, w))_D, \ f \in H^2(D).$$

函数

$$K_D: D \times D \to \mathbb{C}, \; K_D(\bullet, w) \in H^2(D)$$

称做 D 上的 Bergman 核. 算子 $P_D: L^2(D) \to H^2(D)$ 满足

$$(P_D f)(z) = (f, K_D(\bullet, z))_D, \; \forall f \in H^2(D), \; z \in D,$$

称为 Bergman 射影.

由定义直接推出 Bergman 核有如下性质：

命题 5.1.1　$K_D(z, w) = \overline{K_D(w, z)}, \; \forall z, w \in D$

证明　由定义,对固定 $w \in D$, 设 $f = K_D(\bullet, w)$, 于是

$$\begin{aligned}
K_D(w, z) &= (K_D(\bullet, z), K_D(\bullet, w)) \\
&= \overline{(K_D(\bullet, w), K_D(\bullet, z))} \\
&= \overline{K_D(z, w)}.
\end{aligned} \tag{5-1-1}$$

■

命题 5.1.2

$$K_D(z) = K_D(z, z) = \sup\{\,|f(z)|^2 : f \in H^2(D), \, \|f\|_{L^2(D)} \leqslant 1\}.$$

证明　首先由定义可知

$$K_D(z) = \|K_D(\bullet, z)\|_{L^2(D)}^2.$$

对每个 $f \in H^2(D)$, $\|f\|_{L^2(D)} \leqslant 1$ 我们有

$$\begin{aligned}
|f(z)| &= |(f, K_D(\bullet, z))| \\
&\leqslant \|f\|_{L^2(D)} \|K_D(\bullet, z)\|_{L^2(D)} \\
&\leqslant K_D^{1/2}(z).
\end{aligned} \tag{5-1-2}$$

当 $f = K_D(\bullet, z)/K_D^{1/2}(z)$ 时,等式成立. ■

推论 5.1.1　(1) 若 $z \in D_1 \subset D_2 \subset\subset \mathbb{C}^n$, 则 $K_{D_1}(z) \geqslant K_{D_2}(z)$.

（2）$K_D(z) \geqslant 1/\mathrm{vol}(D)$，其中 $\mathrm{vol}(D)$ 是指 D 的体积.

（3）$K_D(z) \leqslant C\delta_D^{-n}(z)$，其中 C 是仅依赖于维数 n 的常数. $\delta_D^{-n}(z)$ 是 z 到 D 的边界 ∂D 的欧式距离.

Bergman 核可以用 $H^2(D)$ 中的正交基来表示：

命题 5.1.3　对任何 $H^2(D)$ 的正交基 $\{\varphi_j, j = 1, 2, \cdots\}$ 有

$$K_D(z, w) = \sum_{j=1}^{\infty} h_j(z) \overline{h_j(w)},$$

这个级数在 $D \times D$ 上局部一致收敛.

证明　设 $K \subset D$ 为一紧集. 对给定 $H^2(D)$ 的一组正交基 $\{\varphi_j, j = 1, 2, \cdots\}$，函数 $K_D(\cdot, w)$ 可表示如下：

$$K_D(z, w) = \sum_{j=1}^{\infty} (K_D(\cdot, w), h_j) h_j(z),$$

此级数在 $H^2(D)$ 中收敛. 由于

$$(K_D(\cdot, w), h_j) = \overline{h_j(w)}, \quad j = 1, 2, \cdots,$$

命题 5.1.2 可得

$$\sum_{j=1}^{\infty} |h_j(z)|^2 = K_D(z) \leqslant C_K, \quad \forall z \in K,$$

其中 C_K 为常数. 于是由 Cauchu-Schwarz 不等式得 $\sum_{j=1}^{m} |h_j(z)| \, |h_j(w)|$，$m = 1, 2, \cdots$，于 $K \times K$ 上一致有界. 由此即得

$$K_D(z, w) = \sum_{j=1}^{\infty} h_j(z) \overline{h_j(w)}.$$

Bergman 核在双全纯映射下有以下的变换法则：

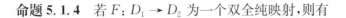

命题 5.1.4 若 $F: D_1 \to D_2$ 为一个双全纯映射,则有

$$K_{D_1}(z, w) = K_{D_2}(F(z), F(w)) \det J_F(z) \overline{\det J_F(w)}.$$

证明 由于

$$\int_{D_2} |f(\zeta)|^2 dV(\zeta) = \int_{D_1} |f(F(z))|^2 |\det J_F(z)|^2 dV(z),$$

因此映射 $T_F: f \to f(F) \det J_F$ 是 $L^2(D_2) \to L^2(D-1)$ 的一个同构映射,其逆记为 $T_{F^{-1}}$. 设 $f \in H^2(D_1)$, 固定 $w \in D_1$ 且设 $\zeta = F(w)$, 于是

$$\begin{aligned}
(f, T_F K_{D_2}(\cdot, \zeta))_{D_1} &= (T_{F^{-1}} f, K_{D_2}(\cdot, \zeta))_{D_2} \\
&= (T_{F^{-1}} f)(\zeta) \\
&= f(w) [\det J_F(w)]^{-1}
\end{aligned}$$

故

$$f(w) = (f, \det J_F(\cdot) K_{D_2}(F(\cdot), F(w)) \det J_F(w))_{D_1},$$

证毕.

命题 5.1.5 若 $F: D_1 \to D_2$ 为双全纯映射,则对所有的 $f \in L^2(D_2)$ 有

$$P_{D_1}(\det J_F f(F)) = \det J_F(P_{D_2}(f)(F)).$$

注 5.1.1 上面的 Bergman 投影的变换法则对逆紧全纯映射 $F: D_1 \to D_2$ (1.1 定义 1.1.1)也同样成立. 这一重要结果是 Bell 首先得到的,并且该推论已经成为研究逆紧全纯映射边界行为的重要工具.

5.1.2 Bergman 度量

由于 $K_D(z) \neq 0$, 我们可以定义双线性型

$$\mathrm{d}s_D^2 = \sum_{j,k=1}^n \frac{\partial^2 \log K_D(z)}{\partial z_j \partial \bar{z}_k} \mathrm{d}z_j \mathrm{d}\bar{z}_k,$$

由命题 5.1.4 知, 上式关于双全纯映射保持不变, 因此有如下命题:

命题 5.1.6 $\mathrm{d}s_D^2$ 是 Hermitian 正定的, 且对任意的 $w \in D$ 及复切向量 $X = \sum_{j=1}^n X_j \dfrac{\partial}{\partial z_j}$ 有

$$\mathrm{d}s_D^2(w, X) := \sum_{j,k=1}^n \frac{\partial^2 \log K_D(z)}{\partial z_j \partial \bar{z}_k} X_j \overline{X}_k$$

$$= K_D^{-1}(w) \sup_{f \in H^2(D)} \{ |Xf(w)|^2 : f(w) = 0, \ \|f\|_{L^2(D)} \leqslant 1. \}$$

证明 固定 $w \in D$ 及复切向量 X, 设 $S_1 = \{f \in H^2(D) : f(w) = 0\}$, $S_2 = \{f \in S_1 : Xf(w) = 0\}$, 设 h_1 为 $H^2(D)$ 中正交于 S_1 的有单位长度的元素. 若 $g \in S_1$, 且设 c 为复数满足 $g(w) = ch_1(w)$, 则 $g - ch_1 \in S_1$. 故 $H^2(D)$ 可以由 S_1 和 h_1 生成. 又设 $h_2 \in S_1$ 为正交于 S_2 的单位长度元素, 同理, $H^2(D)$ 可以由 h_1, h_2 及 S_2 生成, 因此可以取 $h_3, h_4, \cdots \in S_2$ 使得 $h_j, j = 1, 2, \cdots$, 成为 $H^2(D)$ 的一组正交基. 故

$$\mathrm{d}s_D^2(w, X) = \frac{K_D(w) X \overline{X} K_D(w) - |X K_D(w)|^2}{K_D^2(w)}$$

$$= \frac{|h_1(w)|^2 \left(\sum_{j=1}^n |Xh_j(w)|^2\right) - |h_1(w)|^2 |Xh_1(w)|^2}{K_D^2(w)}$$

$$= K_D^{-1}(w) |Xh_2(w)|^2$$

$$> 0,$$

即得 $\mathrm{d}s_D^2$ 正定. 由于任一满足 $f(w) = 0$, $\|f\|_{L^2(D)} \leqslant 1$ 的 $H^2(D)$ 的 f 可以表示为 $f = \sum_{j=2}^n a_j h_j$, 其中 $\sum_{j=2}^n |a_j|^2 \leqslant 1$, 因此由前面等式可知

$$| Xf(w) |^2 = | a_2 |^2 | Xh_2(w) |^2 \leqslant K_D(w)\mathrm{d}s_D^2(w; X),$$

且当 $f = h_2$ 时等号成立. 证毕. ∎

上述的 Hermitian 度量称作 Bergman 度量.

5.1.3　流形上的 Bergman 核

设 M 为一个 n 维复流形, 设 $\mathcal{F}$ 为满足如下条件 M 上的全纯 $(n, 0)$ 形式 f 组成的集合:

$$\left| \iint_M f \wedge \bar{f} \right| < \infty.$$

向量空间 $\mathcal{F}$ 是一个可分的复 Hilbert 空间, 其内积定义为:

$$(f, g) = (-1)^{n^2/2} \int_M f \wedge \bar{g}.$$

假设 $h_0, h_1, \cdots$ 为 $\mathcal{F}$ 的一个完备正交基, 则

$$K_M(z, w) = \sum_j h_j(z) \wedge \overline{h_j(w)}$$

是 $M \times M$ 上的 (n, n) 形式, 且与正交基的选取无关. 我们称之为 M 上的 Bergman 核形式. 注意这里的 $K_M(z, z)$ 可能有零点, 这与 $\mathbb{C}^n$ 的情况是不同的.

根据前面我们给出的命题, 容易证明:

命题 5.1.7　$K_M(z, w)$ 在 M 的全纯变换群下保持不变.

命题 5.1.8

$$K_M(z) := K_M(z, z) = \max_{(f, f)=1} f(z) \wedge \overline{f(z)}.$$

若 $K_M(z) \neq 0$, 则上述等式满足时的 $f \in \mathcal{F}$ 由一个满足 $|c| = 1$ 常数和一个满足以下性质的形式唯一确定:

(1) $(f, f) = 1$；

(2) $(f, g) = 0$，$\forall g \in \mathcal{F}$，$g(z) = 0$.

命题 5.1.9 设 M' 为 M 的联通开子集，则

$$K_M(z) \leqslant K_{M'}(z), \ \forall z \in M'.$$

注 5.1.2 若 $M \backslash M'$ 包含一个 M 的非空开子集，则要么 $K_{M'} > K_M(z)$，要么 $K_{M'}(z) = K_M(z) = 0$.

设 M 为一个 n 维复流形，给定其中一点 z，若存在一个平方可积的全纯 n 形式满足 $f(z) \neq 0$，则 $K_M(z) \neq 0$，$\forall z \in M$. 令 $z^1, \cdots, z^n$ 为 M 的一个局部坐标系，设

$$K_M(z) = K_M^*(z) \mathrm{d} z^1 \bigwedge \cdots \bigwedge \mathrm{d} z^n \bigwedge \mathrm{d} \bar{z}^1 \bigwedge \cdots \bigwedge \mathrm{d} \bar{z}^n,$$

其中 $K_M^*(z)$ 为一局部定义函数. 定义一个 Hermitian 微分形式 $\mathrm{d} s_M^2$ 如下：

$$\mathrm{d} s_M^2 = \sum \frac{\partial^2 \log K_M^*(z)}{\partial z^\alpha \partial \bar{z}^\beta} \mathrm{d} z^\alpha \mathrm{d} \bar{z}^\beta.$$

容易知道 $\mathrm{d} s_M^2$ 与坐标系的选取无关.

命题 5.1.10 $\mathrm{d} s_M^2$ 是半正定的，且在 M 的全纯变换下保持不变.

证明 设 z 为 M 上任一点，设 $z^1, \cdots, z^n$ 为 z 的一个局部坐标系. 假设

$$h_j = h_j^* \mathrm{d} z^1 \bigwedge \cdots \bigwedge \mathrm{d} z^n, j = 0, 1, \cdots, n$$

为 $\mathcal{F}$ 的一个完备正交基，且满足

$$h_0(z) \neq 0, h_1(z) = h_2(z) = \cdots = 0.$$

则 $K_M^* = \sum h_j^* \bar{h}_j^*$，且经过简单的计算可得

$$\mathrm{d} s_M^2 = \left(\sum \mathrm{d} h_j^* \cdot \mathrm{d} \bar{h}_j^* \right) / K_M^*,$$

这就说明了 $\mathrm{d}s_M^2$ 是半正定的. 对于其全纯不变性, 证明过程较为简单这里就不加以叙述.

从上述证明可以看出 $\mathrm{d}s_M^2$ 正定当且仅当下面的条件满足: 对 z 处的每一个全纯向量 Z, 存在一个平方可积的全纯 n 形式 f 使得 $f(z) = 0$ 且 $Z(f^*) \neq 0$, 这里 $f = f^* \mathrm{d}z^1 \wedge \cdots \wedge \mathrm{d}z^n$. z 处全纯向量 Z 指复切向量 $Z = \sum \zeta^j \left(\dfrac{\partial}{\partial z^j} \right) \Big|_z$, 其中 ζ^j 为复数.

这样得到的 Kähler 度量 $\mathrm{d}s_M^2$ 称为 M 的 Bergman 度量.

5.2　非紧致 Kähler 流形上的全纯 Lefschetz 不动点形式

5.2.1　引言

1926 年 Lefschetz 在文献 [77] 发表了他著名的不动点形式, 即, 如果 f 是 n 维紧复流形上的全纯自同构, 且 f 在复流形上有有限个不动点 $p_1, \cdots, p_k$, 则

$$L(f) = \sum_{f(p_j) = p_j} \frac{1}{\det(I - J_f(p_j))},$$

其中 $L(f)$ 就是映射 f 的 Lefschetz 数, 其定义如下:

$$L(f) = \sum (-1)^q \mathrm{Trace}\, f^*(H^{0,q}(M)),$$

其中 $H^{p,q}(M)$ 表示流形 M 的 Dolbeault 同调群.

一般来说, 对非紧致的完备 Kähler 流形, 其 L^2 - Dolbeault 同调群上的 Lefschetz 数可能与 Kähler 度量的选取有关. 但是 Donnelly 和 Fefferman

发现了下面这样一个有趣的不动点形式:

定理 5.2.1 [25]令 Ω 是 $\mathbb{C}^n$ 中的一个有界强拟凸域,f 是 Ω 上的全纯自同构,且在 Ω 的边界上没有不动点,则

$$(-1)^n \int_\Omega \overline{K_\Omega(z,\,f(z))} = \sum_{f(p_j)=p_j} \frac{1}{\det(I-J_f)(p_j)},\quad (5-2-1)$$

其中,$K_\Omega(z,\,w)$ 是 Bergman 核形式.

现在我们对定理 5.2.1 给出一些注记. 根据 Fefferman[43],Ω 上任何一个全纯自同构都可以光滑延拓到边界 $\partial\Omega$,这就意味着,如果映射 f 在边界上没有不动点,则其 Ω 内只有有限个孤立不动点,否则 f 的不动点所组成的集合是一个解析子簇,且其维数至少为 1. 因此其必与 $\partial\Omega$ 相交. 实际上,上述定理仍然是 Lefschetz 定理,因为式(5-2-1)左端就等于流形关于 Bergman 度量的 Lefschetz 数. 文献[25]利用热核的方法,运用 Bergman 度量的边界几何性质,但是这一性质似乎对更为一般的有界区域并不适用. 运用不同的方法推广定理 5.2.1 显得非常有意义.

定理 5.2.2 令 $\Omega \subset\subset \mathbb{C}^n$ 是一个全纯域.f 是其全纯自同构,且满足 f 的闭图像 Γ_f 与 $\Omega \times \Omega$ 的对角线在边界上不相交. 则(5-2-1)式成立.

如上述注记相似地,我们得到映射 f 在 Ω 内仅有有限个不动点. 本节我们主要运用 Hörmander 的 L^2 理论和 Kerzman 的 Bergman 核表示原理. 这些方法使我们能将定理 5.2.1 推广到某些完备的 Kähler 流形上去.

定义 5.2.1 给定一个度量空间 $(M,\,d)$,及 M 的两个子集 A,B,K 是 M 的紧子集,如果存在一个正常数 C,满足

$$\mathrm{d}_H(A\backslash K,\,B\backslash K) = \inf_{x\in A} \inf_{y\in B} d(x,\,y) > C,$$

则称 A,B 与流形 M 的理想边界不交.

定义 5.2.2 [49]若 $(M,\,w)$ 是一个完备 Kähler 流形且 w 是 d-有

界,即存在一个 1-形式 θ 使得 $w = \mathrm{d}\theta$ 且 $\sup_M | \theta |_w < \infty$,则我们称之为 Kähler 双曲.

Kähler 双曲流形是非紧致 Kähler 流形里面的一大类,其中包括所有的超凸流形(即存在一个负的 C^∞ 强多重次调和穷竭函数).

定理 5.2.3　令 (M, w) 是一个 n-维 Kähler 双曲流形,f 是其全纯自同构,且满足 f 的闭图像 Γ_f 与 $M \times M$ 的理想边界不相交.则式(5-2-1)成立.

5.2.2　定理 5.2.3 的证明

(1) L^2-Hodge 定理.令 (M, w) 是一个 n-维 Kähler 流形,令 $L_2^{p,q}(M)$ 表示所有 (p, q) 阶的 L^2-外形式.定义 L^2-调和空间如下:

$$\mathcal{H}_2^{p,q}(M) = \{\psi \in L_2^{p,q}(M) : \bar{\partial}\psi = 0, \bar{\partial}^*\psi = 0\}.$$

特别地 $\mathcal{H}_2^{n,0}(M)$ 表示平方可积的全纯 n-阶外形式.当 w 是 d-有界时,由文献[49]我们知道存在一个常数 $\lambda_n > 0$ 使得 $\psi \in L_2^{p,q}(M)$,$p+q \neq n$ 满足不等式

$$(\psi, \triangle\psi) \geqslant \lambda_n(\psi, \psi),$$

其中 $\triangle = 2(\bar{\partial}\bar{\partial}^* + \bar{\partial}^*\bar{\partial})$. 因此,存在一个唯一的算子,即 Green 算子

$$G: L_2^{p,q}(M) \rightarrow (\mathcal{H}_2^{p,q}(M))^\perp$$

使得 $\bar{\partial}G = G\bar{\partial}$,$\bar{\partial}^*G = G\bar{\partial}^*$ 且满足下列分解:

$$I = P + \triangle G,$$

这里 I 是恒等嵌入,P 是从 $L_2^{p,q}(M)$ 到 $\mathcal{H}_2^{p,q}(M)$ 的正交投影.特别地,对任意的 $g \in L_2^{n,0}(M)$ 我们有

$$Pg = g - \bar{\partial}^* \,\bar{\partial} Gg = g - \bar{\partial}^* G \,\bar{\partial} g.$$

（2）Bergman 核形式. 令 (M, w) 是一个完备的 Kähler 流形，令 $\{\psi_i\}$ 是 $\mathcal{H}_2^{n,0}(M)$ 的完备正交系. 则流形的 Bergman 核形式可以如下表示：

$$K_M(z, w) = \sum_i \psi_i(z) \wedge \overline{\psi_i(w)}.$$

这里 K_M 并不依赖于坐标系的选取，并且有如下的再生性：

$$\psi(w) = \int_M \psi(z) \wedge \overline{K_M(z, w)} \quad w \in M, \psi \in \mathcal{H}_2^{n,0}(M).$$

（3）Lefschetz 数. 令 (M, w) 是一个完备的 Kähler 流形，且 $f: M \to M$ 是一个全纯映射. Lefschetz 数定义如下：

$$L_w(f) = \sum (-1)^q \operatorname{Trace} f^* \left(\mathcal{H}_2^{0,q}(M) \right),$$

特别地，如果 $\mathcal{H}_2^{0,q}(M)$ 表示 $\{\psi_j^{0,q}\}$ 的一个完备正交系，则 $\operatorname{Trace} f^*$ $(\mathcal{H}_2^{0,q}(M))$ 表示如下：

$$\sum_j \psi_j^{0,q} \wedge \overline{f^* \psi_j^{0,q}}.$$

注意到空间 $\mathcal{H}_2^{0,n}(M)$ 与 $\mathcal{H}_2^{n,0}(M)$ 互为共轭. 因此根据 2.1，如果 w 是 d‑有界，我们得到

$$L_w(f) = (-1)^n \int_M \overline{K_M(z, f(z))}.$$

（4）Bochner-Martinelli 核. $\mathbb{C}^n \times \mathbb{C}^n$ Bochner-Martinelli 核如下定义：

$$k(z, w) = C_n \frac{\sum_j \overline{\Phi_j(z-w)} \wedge \Phi(w)}{|z-w|^{2n}},$$

这里

$$\Phi_j(\zeta) = (-1)^{j-1} \zeta_j \mathrm{d}\zeta_1 \wedge \cdots \wedge \widehat{\mathrm{d}\zeta_j} \wedge \cdots \wedge \mathrm{d}\zeta_n,$$

$$\Phi(\zeta) = \mathrm{d}\zeta_1 \wedge \cdots \wedge \mathrm{d}\zeta_n,$$

其中, C_n 是一个只与 n 有关的常数, 且对任意的 $\psi \in C_0^{n,0}(\mathbb{C}^n)$ 等式

$$\psi(w) = \int \psi(z) \wedge \bar{\partial}k(z, w) \qquad (5-2-2)$$

成立, 即广义导数 $\bar{\partial}k$ 紧支于对角线.

（5） $K_M(z, w)$ 的具体表示. 令 (M, w) 是一个完备 Kähler 流形. 令 $w \in M$ 是一定点, 假设坐标球 $B_{2r} = \{|\zeta| < 2r\}$ 是以 w 为中心. 令 $\rho_w \in C_0^\infty(B_r)$, $\varrho_w \in C_0^\infty(B_{2r})$ 使得 $\rho_w|_{B_{r/2}} = 1$, $\varrho_w|_{B_{r/3}} = 0$ 且在 $B_r - B_{r/2}$ 上 $\varrho_w = 1$（如果 w 改变, r 可能也随之改变）. 运用 Stoke's 定理, 对任意 $\psi \in \mathcal{H}_2^{n,0}(M)$, 我们得到以下形式:

$$\psi(w) = \rho_w(w)\psi(w) = \int \rho_w(\zeta)\psi(\zeta) \wedge \bar{\partial}k(\zeta, w)$$

$$= (-1)^{n+1} \int \bar{\partial}(\rho_w(\zeta)\psi(\zeta)) \wedge k(\zeta, w)$$

$$= (-1)^{n+1} \int \varrho_w(\zeta) \bar{\partial}(\rho_w(\zeta)\psi(\zeta)) \wedge k(\zeta, w)$$

$$= \int \psi(\zeta) \wedge \rho_w(\zeta) \bar{\partial}(\varrho_w(\zeta)k(\zeta, w)).$$

这就说明

$$\psi(w) = (\psi, P(\overline{\rho_w \bar{\partial}(\varrho_w k(\cdot, w))})), \ \forall \psi \in \mathcal{H}_2^{n,0}(M),$$

其中 P 是 Bergman 投影算子. 由核函数的唯一性, 我们得到

$$K_M(z, w) = P(\overline{\rho_w(z) \bar{\partial}(\varrho_w(z)k(\cdot, w))})$$

（比较文献[89]）.

（6）定理 5.2.3 的证明.

证明 根据定理中给出的假设，我们在 2.5 中对某个 $\epsilon > 0$，选择足够小的 r 使得 $\varrho_w|_{\Gamma_f}$ 的紧支集包含在 $\bigcup_j B_\epsilon(p_j, p_j)$，其中 p_j 是不动点，$B_\epsilon(p_j, p_j)$ 是在 $M \times M$ 中围绕 (p_j, p_j) 的测地球. 令 $\eta_w = \rho_w \, \bar{\partial}(\varrho_w k(\cdot, w))$. 这里我们注意到，对任意的 w，$\bar{\eta}_w(z)$ 是相对于 z 的 $(n, 0)$ 形式，从 2.1 可以得到

$$(-1)^n \int_M \overline{K_M(z, f(z))} = (-1)^n \int_M \eta_{f(z)}(z) - 2(-1)^n \int_M \overline{\partial^* G \bar{\partial} \bar{\eta}_{f(z)}(z)}.$$

在某个局部坐标系 z_j 下，如果我们令 $w_j = z_j - f(z_j)$ 于点 p_j 周围，则

$$\Phi(w_j) = \det(I - J_f)\Phi(z_j).$$

如果 ϵ 充分小，则 $\eta_{f(z)}(z)$ 的紧支集包含在以点列 p_j 为中心的有限个小球中，因此对 $r \leqslant \epsilon$ 有

$$(-1)^n \int_M \eta_{f(z)}(z)$$

$$= (-1)^n \int_{\{|z-f(z)|<r/2\}} \bar{\partial}(\varrho_\zeta k(\cdot, \zeta))|_{\zeta = f(z)}$$

$$= (-1)^n C_n \sum_j \int_{\{|w_j|=r/2\}} \frac{\sum_i \overline{\Phi_i(w_j)} \wedge \Phi(w_j + f(z_j))}{|w_j|^{2n}} \quad \text{(Stoke's 定理)}$$

$$= (-1)^n C_n \sum_j \int_{\{|w_j|=r/2\}} \frac{\sum_i \overline{\Phi_i(w_j)} \wedge \Phi(z_j)}{|w|^{2n}}$$

$$= (-1)^n C_n \sum_j \int_{\{|w_j|=r/2\}} \frac{\sum_i \overline{\Phi_i(w_j)} \wedge \Phi(w_j)}{|w_j|^{2n} \det(I - J_f)}$$

$$\rightarrow \sum_j \frac{1}{\det(I - J_f)(p_j)}, \quad r \rightarrow 0.$$

由于

$$(-1)^n C_n \int_{\{|w|=r/2\}} \frac{\sum \overline{\Phi_i(w)} \wedge \Phi(w)}{|w|^{2n}}$$

$$= (-1)^n C_n \int_{\{|w|=r/2\}} \frac{\Phi(w) \wedge \sum \overline{\Phi_i(w)}}{|w|^{2n}}$$

$$= \int_{\{|w|<r/2\}} \Phi(w) \wedge \bar{\partial} \left\{ C_n \frac{\sum \overline{\Phi_i(w)}}{|w|^{2n}} \right\}$$

$$= \int \chi_{\{|w|<r/2\}} \Phi(w) \wedge \bar{\partial} \left\{ C_n \frac{\sum \overline{\Phi_i(w)}}{|w|^{2n}} \right\}$$

$$= 1.$$

这里 $\chi_{(\cdot)}$ 表示特征函数. 上式中的最后一个等式来源于式(5-2-2). 另一方面，

$$\int_M \overline{\bar{\partial}^* G \bar{\partial} \bar{\eta}_{f(z)}}(z) = \int_{M_z} \int_{M_w} \overline{\bar{\partial}^* G \bar{\partial} \bar{\eta}_w}(z) \wedge \bar{\partial} k(w, f(z))$$

$$= \int_{M_w} \int_{M_z} \overline{\bar{\partial}^* G \bar{\partial} \bar{\eta}_w}(z) \wedge \bar{\partial} k(w, f(z)) \qquad \text{(Fubini's 定理)}$$

$$= \int_{M_w} \int_{M_z} \overline{G \bar{\partial} \bar{\eta}_w}(z) \wedge \bar{\partial}^2 k(w, f(z))$$

$$= 0.$$

从而完成定理证明. ■

5.2.3　定理 5.2.2 的证明

（1）$\bar{\partial}$- Neumann 算子. 令 $L^2_{p,q}(\Omega)$ 表示关于 Lebesgue 测度平方可积的 (p,q)-形式, 令 $\mathcal{H}^2_{p,q}(\Omega)$ 表示 L^2-调和空间. 令 $\mathcal{D}_{p,q}$ 表示具有紧支集的光滑形式. 这里我们省略当 $p=q=0$ 的情况. 从 Hörmander 文献[76]的结

果我们知道存在一个有界算子 $N: L^2_{p,q}(\Omega) \to L^2_{p,q}(\Omega)$, 即 Neumann 算子, 使得

① $N(\mathcal{H}^2_{p,q}(\Omega)) = 0$, $\bar{\partial}N = N\bar{\partial}$, $\bar{\partial}^* N = N\bar{\partial}^*$;

② $N(\mathcal{D}_{p,q}) \subset \mathcal{D}_{p,q}$;

③ 对任意的 $g \in L^2(\Omega)$ 且 $\bar{\partial}g \in L^2_{0,1}(\Omega)$, $Pg = g - \bar{\partial}^* N \bar{\partial}g$.

这里 $P: L^2(\Omega) \to \mathcal{H}^2(\Omega)$ 表示 Bergman 投影, $\bar{\partial}^*$ 表示 $\bar{\partial}$ 在 Lebesgue 测度下的共轭算子.

(2) 令 $dV_z = \overline{\Phi(z)} \wedge \Phi(z)$, 设 $K^*_\Omega(z, w)$ 表示 Ω 的 Bergman 核函数. 从 2.5 的讨论我们知道 $K^*_\Omega(z, w) = P(\bar{\lambda}_w)(z)$ 其中

$$\lambda_w(z) = \frac{\eta_w(z)}{\overline{\Phi(z)} \wedge \Phi(w)}.$$

因此

$$(-1)^n \int_\Omega K_\Omega(z, f(z))$$

$$= (-1)^n \int_\Omega \overline{K^*_\Omega(z, f(z))} \det J_f(z) dV_z$$

$$= (-1)^n \int_\Omega \overline{P(\bar{\lambda}_{f(z)})(z)} \det J_f(z) dV_z$$

$$= (-1)^n \int_\Omega \lambda_{f(z)}(z) \det J_f(z) dV_z - (-1)^n \int_\Omega \overline{\bar{\partial}^* N \bar{\partial} \bar{\lambda}_{f(z)}(z)} \det J_f(z) dV_z.$$

取充分小的 r 使得对某个 $\epsilon > 0$, $\lambda_w |_{\Gamma_f}$ 的紧支集包含于 $\bigcup_j B_\epsilon(p_j, p_j)$, 这里 $B_\epsilon(p_j, p_j)$ 表示以 (p_j, p_j) 为中心, ϵ 为半径的小球. 注意到

$$(-1)^n \int_\Omega \lambda_{f(z)}(z) J_f(z) dV_z = (-1)^n \int_\Omega \eta_{f(z)}(z)$$

$$\to \sum_{f(p_j) = p_j} \frac{1}{\det(I - J_f)(p_j)}, \quad r \to 0,$$

根据 2.6，对充分小的 r，因为 N 将 $\mathcal{D}_{0,1}$ 映到 $\mathcal{D}_{0,1}$

$$\int_{\Omega} \overline{\bar{\partial}^* N \bar{\partial} \bar{\lambda}_{f(z)}(z)} \det J_f(z) \mathrm{d}V_z$$

$$= \int_{\Omega}\int_{\Omega} \overline{\bar{\partial}^* N \bar{\partial} \bar{\lambda}_w(z)} \, \bar{\partial}\left(\frac{\det J_f(z) k(w,\, f(z))}{\mathrm{d}V_w}\right) \mathrm{d}V_w \mathrm{d}V_z$$

$$= \int_{\Omega}\int_{\Omega} \overline{\bar{\partial}^* N \bar{\partial} \bar{\lambda}_w(z)} \, \bar{\partial}\left(\frac{\det J_f(z) k(w,\, f(z))}{\mathrm{d}V_w}\right) \mathrm{d}V_z \mathrm{d}V_w$$

$$= 0.$$

从而完成定理的证明.

注 5.2.1　我们称定理 5.2.2 Lefschetz 不动点形式是因为：设给定 Ω 上一个正的 C^{∞} 强多重次调和穷竭函数 ρ，令 $w = \partial \bar{\partial} \rho^2$. 则 w 构成了一个完备的 Kähler 度量，并且

$$|\partial \rho^2|_w^2 \leqslant 2\rho^2$$

根据 McNeal[80] 的理论，这样的度量是 Kähler 凸的，因此其 L^2-调和形式在 $p + q \neq n$ 时是消灭的，且我们可以得到

$$L_w(f) = (-1)^n \int_{\Omega} \overline{K_{\Omega}(z,\, f(z))}.$$

5.2.4　定理的应用

（1）根据以上定理，我们给出了如下的推论：

推论 5.2.1　令 $\Omega \subset\subset \mathbb{C}^n$ 是一个全纯域，令 f, g 是该域上的全纯自同构，且 $f \circ g^{-1}$ 的闭图像 $\Gamma_{f \circ g^{-1}}$ 与 $\Omega \times \Omega$ 的对角线在边界上没有交点. 则

$$(-1)^n \int_{\Omega} \overline{K_{\Omega}(g(z),\, f(z))} = \sum_{g^{-1} \circ f(p_j) = p_j} \frac{1}{\det(I - J_{g^{-1} \circ f})(p_j)}.$$

$$(5-2-3)$$

证明 事实上,从式(5 - 2 - 1)

$$(-1)^n \int_\Omega \overline{K_\Omega(g(z),\, f(z))}$$

$$= (-1)^n \int_\Omega \overline{K_\Omega^*(g(z),\, f(z)) \det J_g(z)} \det J_f(z) \mathrm{d}V_z$$

$$= (-1)^n \int_\Omega \overline{K_\Omega^*(z,\, g^{-1} \circ f(z))} \det J_{g^{-1} \circ f}(z) \mathrm{d}V_z$$

$$= (-1)^n \int_\Omega \overline{K_\Omega(z,\, g^{-1} \circ f(z))}$$

$$= \sum_{f(p_j)=g(p_j)} \frac{1}{\det(I - J_{g^{-1} \circ f})(p_j)},$$

其中,第二个等式是从我们熟知的 Bergman 核关于双全纯映射的变换法则导出的. ■

类似地,有另一个推论:

推论 5.2.2 令 (M, w) 是一个 n -维 Kähler 双曲流形,令 f, g 是该域上的全纯自同构,且 $f \circ g^{-1}$ 的闭图像 $\Gamma_{f \circ g^{-1}}$ 与 $M \times M$ 的对角线在理想边界上没有交点. 则式(5 - 2 - 3)依然成立.

(2) 这样就可以借助本章中给出的定理和推论来计算看似复杂的积分.

例子 5.2.1 令 D 表示 $\mathbb{C}$ 中的单位圆盘. 我们断言下式必然成立:

$$\int_D \frac{1}{\left(1 - \dfrac{3}{5}z - \dfrac{3}{5}\bar{z} + |z|^2\right)^2} \mathrm{d}V_z = \frac{25\pi}{32}.$$

事实上,我们令 $f(z) = \dfrac{\dfrac{3}{5} - z}{1 - \dfrac{3}{5}z} \in \mathrm{Aut}(D)$,$\mathrm{Aut}(D)$ 是 D 上的全纯

自同构群. 容易验证 $\dfrac{1}{3}$ 是映射 f 在 D 中唯一的不动点, 且 f 在 D 的边界上没有不动点. 因此由式 $(5-2-1)$, 可以计算

$$-\int_D \overline{K_\Omega(z,\,f(z))} = -\frac{1}{\pi}\int_D \frac{1}{(1-\bar{z}f(z))^2}J_f(z)\mathrm{d}V_z$$

$$= \frac{16}{25\pi}\int_D \frac{1}{\left(1-\dfrac{3}{5}z-\dfrac{3}{5}\bar{z}+|z|^2\right)^2}\mathrm{d}V_z$$

$$= \frac{1}{1+\dfrac{16}{25\left(1-\dfrac{3}{5}z\right)^2}\bigg|_{z=\frac{1}{3}}} = \frac{1}{2}.$$

例子 5.2.2　令 $B_2^* := \{z=(z_1,\,z_2)\in C^2,\ |z|^2+|z\cdot z|<1\}$ 表示 $\mathbb{C}^2$ 中的极小球, 这里 $z\cdot z = z_1^2 + z_2^2$. 我们可以得到以下等式:

$$\int_{B_2^*} \frac{3(1-\phi(z))^2(1+\phi(z)+(z_1^2+z_2^2)(\overline{w_1^2+w_2^2})(5-3\phi(z))}{((1-\phi(z))^2-(z_1^2+z_2^2)(\overline{w_1^2+w_2^2}))^3}\mathrm{d}V_z$$

$$= \frac{\pi^2}{4-2\sqrt{2}},$$

其中 $\phi(z) = \dfrac{\sqrt{2}}{2}(|z_1|^2 - \bar{z}_1z_2\mathrm{i} - \bar{z}_2z_1\mathrm{i} + |z_2|^2)$, $w_1 = \dfrac{\sqrt{2}}{2}(z_1+z_2\mathrm{i})$,

$w_2 = \dfrac{\sqrt{2}}{2}(z_2+z_1\mathrm{i})$.

上式的证明如下: 我们给定极小球上的一个自同构[91]

$$z = (z_1,\,z_2),\ f(z) = (z_1,\,z_2)\frac{\sqrt{2}}{2}\begin{pmatrix} 1 & \mathrm{i} \\ \mathrm{i} & 1 \end{pmatrix},$$

容易验证, 这样给出的 f 满足定理 5.2.3 的假设. 另一方面, 从文献[95]我

们知道极小球上的 Bergman 核函数有如下的具体表达式：

$$K_{B_2^*}(z, w) = \frac{2}{\pi^2} \frac{3(1-\langle z, w \rangle)^2(1+\langle z, w \rangle) + (z \cdot z)\overline{w \cdot w}(5 - 3\langle z, w \rangle)}{((1-\langle z, w \rangle)^2 - (z \cdot z)\overline{w \cdot w})^3}.$$

运用定理 5.2.3

$$\int_{B_2^*} \overline{K_\Omega(z, f(z))}$$

$$= \int_{B_2^*} K_{B_2^*}(z, f(z))J_f(z)\mathrm{d}V_z$$

$$= \frac{2}{\pi^2} \int_{B_2^*} \frac{3(1-\phi(z))^2(1+\phi(z) + (z_1^2+z_2^2)(\overline{w_1^2+w_2^2})(5-3\phi(z))}{((1-\phi(z))^2 - (z_1^2+z_2^2)(\overline{w_1^2+w_2^2}))^3}\mathrm{d}V_z$$

$$= \frac{1}{2-\sqrt{2}},$$

这里 $\phi(z) = \frac{\sqrt{2}}{2}(|z_1|^2 - \bar{z}_1 z_2 i - \bar{z}_2 z_1 i + |z_2|^2)$，$w_1 = \frac{\sqrt{2}}{2}(z_1 + z_2 i)$，

$w_2 = \frac{\sqrt{2}}{2}(z_2 + z_1 i)$.

（3）我们的定理排除了自同构群在边界上有不动点的情况，也许这样的情况可以用 Kohn 关于 $\bar{\partial}$- Neumann 问题的理论来处理，至少在强拟凸域这样的特殊情况下是成立的.

参考文献

［1］ 陈志华. 广义 Hartogs 多面体之间的逆紧全纯映射［J］. 同济大学学报,2003
(31)：1106－1111.

［2］ 陈志华,刘远成. 一类广义 Hartogs 三角形之间逆紧映射的分类［J］. 数学年刊,
2003(24A)：415－420.

［3］ 韩静,陈志华. 逆紧全纯映射的全纯延拓性和广义 Hartogs 三角形上的逆紧全纯
映射［J］. 数学物理学报,2007(27A)：221－228.

［4］ 潘一飞,廖孝中. 关于有界函数的导数［J］. 江西师范大学学报：自然科学版,
1984(1)：21－24.

［5］ 苑文法. 有界正则函数的导数估计［J］. 数学杂志,2001(3)：301－303.

［6］ Chaouech A. Une remarque sur un resultat de Y. Pan ［J］. Ann. Fac. Sci.
Toulouse Math. , 1996(5)：53－56.

［7］ Dor A. Proper holomorphic maps between balls in one co-dimension ［J］. Ark.
Math. , 1990(28)：49－100.

［8］ Dor A. A domain in $\mathbb{C}^m$ not containing any proper image of the unit disc ［J］.
Math. Z. , 1996(222)：615－625.

［9］ Edigarian A，Zwonek W. Proper holomorphic mappings in some class of
unbounded domains ［J］. Kodai-Math. J. , 1999(22)：305－312.

［10］ Tumanov A E. Finite dimensionality of the group CR automorphisms of standard

C-R manifolds and proper holomorphic mappings of siegel domains [J]. (Russian) Izv. Akad. Nauk SSSR, 1988(52): 651 – 659.

[11] Tumanov A E, Henkin G M. Local characterization of holomorphic automorphisms of classical domains [J]. (Russian) Dokl. Akad. Nauk SSSR, 1982(267): 796 – 799.

[12] Tumanov A E, Henkin G M. Local characterization of holomorphic automorphisms of siegel domains [J]. (Russian) Funkc. Anal. , 1983(17): 49 – 61.

[13] Anderson J M, Dritschel M A, Rovnyak J. Schwarz-Pick inequalities for the Schur-Agler class on the polydisk and unit ball [J]. arXiv: math. CV/0702269v1.

[14] Spiro A. Classification of proper holomorphic maps between Reinhardt domains in $\mathbb{C}^2$ [J]. Math. Z. , 1998(227): 27 – 44.

[15] Coupet B, Yifei P, et al. On proper holomorphic mappings from domains with T-action [J]. Nogoya Math. J. , 1999(154): 57 – 72.

[16] Coupet B, Yifei P, Sukhov A. Proper holomorphic self-maps of quasi-circular domains in $\mathbb{C}^2$ [J]. Nogoya Math. J. , 2001(164): 1 – 16.

[17] Wong B. An application of Einstein Kähler metrics to proper holomorphic map between pseudoconvex domains [J]. Pacific J. Math. , 1998(184): 195 – 199.

[18] Chen Zhihua, Xu Dekang. Proper holomorphic mappings between some nonsmooth domains [J]. Chinese-Ann. Math. Ser. B, 2001(22): 177 – 182.

[19] Chen Zhihua, Xu Dekang. Rigidity of proper self-mapping on some kinds of generalized hartogs triangle [J]. English series, 2002(18): 357 – 362.

[20] Fefferman C. The Bergman kernel and biholomorphic mappings of pseudoconvex domains [J]. Invent. Math. , 1974(26): 1 – 65.

[21] Eisenman D A. Proper holomorphic self-maps of the unit ball [J]. Math. Ann. , 1971(190): 298 – 305.

[22] Barrett D. Holomorphic eqivalence and proper mapping of bounded Reinhardt domains not containing the origin [J]. Comment. Math. Helv. , 1984(59):

550 – 564.

[23] Burns D, Shnider S. Geometry of hypersurfaces and mapping theorems in $\mathbb{C}^n$ [J]. Comment. Math. Helv. , 1979(54): 199 – 217.

[24] Dai S Y, Pan Y F. Note on Schwarz-Pick Estimates for Bounded and Positive Real Part Analytic Functions [C]//Proceedings of the American Mathematical Society, 2008, 136(2): 635 – 640.

[25] Donnelly H, Fefferman C. Fixed point formula for the Bergman kernel [J]. Amer. J. Math. , 1986(108): 1241 – 1257.

[26] Donnelly H, Fefferman C. L^2 cohomology and index theorem for the Bergman metric [J]. Ann. Math. , 1983(118): 593 – 618.

[27] Pelles D. Proper holomorphic self-maps of the unit ball [J]. Math. Ann. , 1971 (190): 298 – 305.

[28] Bedford E. Holomorphic mappings of products of annuli in $\mathbb{C}^n$ [J]. Pacific J. Math. , 1980(87): 271 – 181.

[29] Bedford E. Proper holomorphic mappings from strongly pseudoconvex domains [J]. Duke Math. J. , 1982(49): 477 – 484.

[30] Bedford E. Proper holomorphic mappings [J]. Bull. Amer. Math. Soc. [N. S], 1984(10): 157 – 175.

[31] Bedford E. Proper holomorphic mappings from domains with real analytic boundary [J]. Amer. J. Math. , 1984(106): 745 – 760.

[32] Bedford E, Bell S. Proper self maps of weakly pseudoconvex domains [J]. Math. Ann. , 1982(261): 47 – 49.

[33] Bedford E, Bell S. Holomorphic correspondences of bounded domains [J]. Proc. Colloque Analyse Complexe, 1984, 1094(12): 1 – 14.

[34] Berteloot F. Holomorphic vector fields and proper holomorphic self-maps of Reinhardt domains [J]. Ark. Math. , 1998(36): 241 – 254.

[35] Berteloot F. A Cartan theorem for proper holomorphic mappings of complete circular domains [J]. Adv. Math. , 2000(153): 342 – 352.

[36] Berteloot F, Loeb J J. Holomorphic equivalence between basins of attraction in $\mathbb{C}^2$ [J]. Indiana Univ. Math. J., 1996(45): 583 - 589.

[37] Berteloot F, Loeb J J. Spherical hypersurfaces and lattès rational maps [J]. J. Math. Pures Appl., 1998(77): 655 - 666.

[38] Berteloot F, Pinčuk S. Proper holomorphic mappings between bounded complete Reinhardt domains in $\mathbb{C}^2$ [J]. Math. Z., 1995(219): 343 - 356.

[39] Forstneric F. A survey on proper holomorphic mappings [J]. Proceeding of Year in SCVs at Mittag-Leffler Institute, Math. Notes 38, Princeton, NJ: Princeton University Press, 1992.

[40] Forstneric F. Extending proper holomorphic mappings of positive codimension [J]. Invent. Math. 1989(95): 31 - 62.

[41] Forstneric F. Complex tangents of real surfaces in complex surfaces [J]. Duke Math. J. 1992(67): 353 - 376.

[42] Forstnerič F. Proper holomorphic mappings: a survey [M]. Princeton: Princeton University Press, 1993.

[43] Fefferman C. The Bergman kernel and biholomorphic mappings of pseudoconvex domains [J]. Invent. Math., 1974(26): 1 - 65.

[44] Dini G, Primicerio A S. Proper polynomial holomorphic mappings for a class of Reinhardt domains [J]. Boll. U. M. I. 1 - A, 1987(7): 11 - 20.

[45] Dini G, Primicerio A S. Proper holomorphic mappings between Reinhardt domains and pseudoellipsoids [J]. Rend. Sem. Math. Univ. Padova, 1988(79): 1 - 4.

[46] Dini G, Primicerio A S. Proper holomorphic mappings between generalized pseudoellipsoids [J]. Ann. Mat. Pura. Appl., 1991(158): 219 - 229.

[47] Henkin G M. An analytic polyhedron is not holomorphically equivalent to a strictly pseudoconvex domain [J]. (English trans. in Soviet Math. Dokl. 1973 (14): 858 - 862). (Russian) Dokl. Akad. Nauk SSSR, 1973 (210): 1026 - 1029.

[48] Henkin G M, Novikov R. Proper mappings of classical domains [J]. Linear and complex Analysis Problem Book, Springer, Berlin, 1984(52): 625 – 627.

[49] Gromov M. Kahler hyperbolicity and L^2 odge theory [J]. J. Diff. Geom., 1991 (33): 263 – 292.

[50] Han Jing. On proper holomorphic mappings of bounded domain in $\mathbb{C}^n$ [D]. Tongji University, 2004.

[51] Alexander H. Holomorphic mappings from the ball and polydisc [J]. Math. Ann., 1974(209): 249 – 256.

[52] Alexander H. Proper holomorphic mappings in $\mathbb{C}^n$ [J]. Indiana Univ. Math. J., 1977(26): 137 – 146.

[53] Alexander H. Proper holomorphic self-mapping of bounded domains [J]. Proceedings of symposia in pure Math., 1977(30): 171 – 174.

[54] Poincaré H. Les founctions analytiques de deux variables et la représentation conforme [J]. Rend. Circ. Mat. Palermo, 1907(23): 185 – 220.

[55] Huang XiaoJun, Pan Yifei. Proper holomorphic mappings between real analytic domains in $\mathbb{C}^n$ [J]. Duke Math. J., 1996(82): 437 – 446.

[56] Huang XiaoJun. On a semi-rigidity property for holomorphic mappings [J]. Asian J. Math., 2003(7): 463 – 492.

[57] Huang XiaoJun. On a linearity problem for proper holomorphic mappings between balls in complex spaces of dierent dimensions [J]. J. Differential Geom., 1999(51): 13 – 33.

[58] Huang XiaoJun, Ji Shanyu. Mapping B^n into B^{2n+1} [J]. Invent. Math., 2001 (145): 219 – 250.

[59] Huang XiaoJun, Ji Shanyu. Cartan-Chern-Moser theory on algebraic hypersurfaces and some applications [J]. Ann. Inst. Fourier (Grenoble) 2002 (52): 1793 – 1831.

[60] Huang XiaoJun, Ji Shanyu. On some rigidity problem in Cauchy-Reimann analysis [J]. In press.

［61］ Huang XiaoJun，Ji Shanyu，Xu Dekang. Several results for holomorphic mappings from B^n into B ［J］. N Contemp. Math. ，2005(368)：267 - 293.

［62］ Huang XiaoJun，Ji Shanyu，Xu Dekang. Proper holomorphic mappings from B^n into B^N with geometric rank one ［J］. Asian J. Math. ，2004(8)：233 - 257.

［63］ Grunsky H. Lectures on theory of functions in multiply connected domains ［J］. Vandenhoeck and Reprecht，Göttinger，1978.

［64］ Hamada H. Rational proper holomorphic maps from B^n into B^{2n}［J］. Math. Ann. 2005(331)：693 - 711.

［65］ Hamada H. On proper holomorphic self-maps of generalized complex ellipsoids ［J］. J. Geom. Anal. ，1998(8)：441 - 446.

［66］ Naruki I. The holomorphic equivalance problem for a class of Reinhardt domains ［J］. Publ. RIMS, Kyoto Univ. Ser. A，1968(4)：527 - 543.

［67］ Angelo J D. Mapping B^n into B^{2n+1}［C］. Presentations in the KSCV6 conference，The 6th tnternational conference on several complex variables and complex geometry，Gyeong-Ju，Korea，2002：41 - 47.

［68］ Faran J. Maps from the two ball to the three ball ［J］. Invent. Math. ，1982 (68)：441 - 475.

［69］ Faran J. The linearity of proper holomorphic maps between balls in the low codimension case ［J］. J. Diff. Geom. ，1986(24)：15 - 17.

［70］ Cima J，Suffridge T J. A reflection principle with applications to proper holomorphic mappings ［J］. Math. Ann. ，1983(265)：489 - 500.

［71］ Fornaess J E. Embedding strictly pseudoconvex domains in convex domains ［J］. Amer. J. Math. ，1976(98)：529 - 569.

［72］ Yi S，Xu D. Maps between B^n and B^N with geometric rank $k_0 \leqslant n - 2$ and minimum n ［J］. Asian J. of Math. ，2004，8(2)：233 - 258.

［73］ Diederich K，Fornaess J E. Proper holomorphic images of strictly pseudocovex domains ［J］. Math. Ann. ，1982(259)：279 - 286.

［74］ Ahlfors L. Open Reimann surfaces and extremal problems on compact subregion

[J]. Comm. Math. Helv. , 1950(24): 100 - 132.

[75] Hörmander L. An Introduction to Complex Analysis in Several Variables [M]. Amsterdam: North-Holland Publishing Co. , 1990.

[76] Hörmander L. L^2 estimates and existence theorems for the $\bar{\partial}$ operator [J]. Acta Math. , 1965(113): 89 - 152.

[77] Lefschetz S. Intersections and transformations of complexes and manifolds [J]. Trans. Amer. Math. Soc. , 1926(28): 1 - 49.

[78] Baouendi M S, Bell S, Rothschild L P. Mappings of three-dimensional CR manifolds and their holomorphic extension [J]. Duke Math. J. , 1988(56): 503 - 530.

[79] Baouendi M S, Rothschild L P. Geometric properties of mappings between hypersurfaces in complex space [J]. J. Diff. Geom. , 1990(31): 473 - 499.

[80] McNeal J D. L^2 harmonic forms on some complete Kähler manifolds [J]. Math. Ann. , 2002(323): 319 - 349.

[81] Hakim M, Sibony N. Fonctions holomorphes bornes sur la boule unite de Cn [J]. Invent. Math. 1982(67): 213 - 222.

[82] Landucci M. On the proper holomorphic equivalence for a class of pseudoconvex domains [J]. Trans. Amer. Math. Soc. , 1984(282): 807 - 811.

[83] Landucci M. Proper holomorphic mappings between some non-smooth domains [J]. Ann. Mat. Pura Appl. , 1989(CLV): 193 - 203.

[84] Landucci M. Holomorphic proper self-mappings: Case of Reinhardt domains [J]. Boll. Un. Mat. Ital. A, 1994(8): 55 - 64.

[85] Landucci M, Patrizio G. Proper holomorphic maps of Reihardt domains which have a disc in their boundary [J]. C. R. Acad. Sci. Paris, Ser. I. , 1993 (317): 829 - 834.

[86] Landucci M, Pinčuk S I. Proper mappings between Reinhardt domains with an analytic variety on the boundary [J]. Ann. Scuola Norm. Sup. Pisa. Cl. Sci. , 1995(22): 364 - 373.

［87］ Landucci M，Spiro A. Proper holomorphic maps between complete Reinhardt domains in $\mathbb{C}^2$ ［J］. Complex Variables Th. Appl. ，1996(29)：9 - 25.

［88］ Sibony N. Sur le plongement des domains faiblement pseudoconvexes dans des domaines convexes ［J］. Math. Ann. ，1986(273)：209 - 214.

［89］ Kerzman N. The Bergman kernel function. Differentiability at the boundary ［J］. Math. Ann. ，1972(195)：149 - 158.

［90］ Tanaka N. On the pseudo-conformal geometry of hypersurfaces of the space of n complex variables ［J］. J. Masth. Soc. Japan，1962(14)：397 - 429.

［91］ Ourimi N. Proper holomorphic self-mappings of the minimal balls ［J］. Annales Polonici Math. ，2002(LXXiX)：97 - 107.

［92］ Mok N. Uniqueness theorems of Hermitian metric of semenegative curvature on quotients of bounded symmetric domains ［J］. Ann. Math. ，1987 (125)：105 - 152.

［93］ Mok N. Uniqueness theorems of Kähler metrics of semipositive holomorphic bisectinal curvature on compact Hermitian symmetric domains ［J］. Math. Ann. ，1987(276)：177 - 204.

［94］ Mok N. Metric rigidity theorems on Hermitian locally symmetric manifolds：Series in Pure Math ［M］. Singapore：World Scientific，Vol. 6，1989.

［95］ Oeljeklaus K，Pflug P，Youssfi E H. The Bergman kernel of the minimal ball and applications ［J］. Ann. Inst. Fourier. ，1997(47)：915 - 928.

［96］ Narasimhan R. Several Complex Variables ［M］. Chicago：Univ. of Chicago Press，1971.

［97］ Remmert R，Stein K. Eigentliche holomorphe abbildungen ［J］. Math. Z. ，1960 (73)：159 - 189.

［98］ Shafikov R. On boundary regularity of proper holomorphic mappings ［J］. Math. Z. ，2002(142)：517 - 528.

［99］ Bell S. Analytic hypoellipticity of the $\bar{\partial}$ - Neumann problem and extendability of holomorphic mappings ［J］. Acta Math. ，1981(147)：109 - 116.

[100]　Bell S. Biholomorphic mappings and the $\bar{\partial}$ - problem [J]. Ann. Math. , 1981 (114): 103 - 113.

[101]　Bell S. The Bergman kernel function and proper holomorphic mappings [J]. Trans. Amer. Math. Soc. , 1982(270): 685 - 691.

[102]　Bell S. Proper holomorphic mappings between circular domains [J]. Comment. Math. Helv. , 1982(57): 532 - 538.

[103]　Bell S. Local boundary behavior of proper holomorphic mappings [J]. Proceedings of symposia in pure Math. , 1984(41): 1 - 7.

[104]　Bell S. Proper holomorphic correspondences between circular domains [J]. Math. Ann. , 1985(270): 393 - 400.

[105]　Bell S. Mapping problems in complex analysis and the $\bar{\partial}$ - problem [J]. Bull. Amer. Math. Soc. , 1990(22): 233 - 259.

[106]　Bell S. Algebraic mappings of circular domains in $\mathbb{C}^n$ [M]. Princeton: Princeton University Press, 1993.

[107]　Pinčuk S I. On proper holomorphic mappings of strictly pseudoconvex domains [J]. (English thans. in Siberian Math. J. 1975(15): 644 - 649. (Russian) Sib. Mat. Z. , 1973: 909 - 917.

[108]　Pinčuk S I. On the analytic continuation of holomorphic mappings [J]. Math. USSR Sb. , 1975(27): 375 - 392.

[109]　Pinčuk S I. Proper holomorphic mappings of strictly pseudoconvex domains [J]. Soviet Math. Dokl. , 1978(19): 804 - 807.

[110]　Pinčuk S I. Holomorphic inequvalence of some classes of domains in $\mathbb{C}^n$ [J]. Math. USSR Sb. , 1981(39): 61 - 86.

[111]　Pinčuk S I. The scaling method and holomorphic mappings [C]//Proceedings of symposia in pure Math. , 1991(52): 151 - 161.

[112]　Webster S M. On mapping an n-ball into an $(n+1)$-ball in complex spaces [J]. Pac. J. Math. , 1979(81): 267 - 272.

[113]　Tu Zhen-Han. Rigidity of proper holomorphic maps between bounded

symmetric domains [D]. The Univ. of Hong Kong，2000.

[114] Tu Zhen-Han. Rigidity of proper holomorphic mappings between equidimensional bounded symmetric domains [C]//Proc. Amer. Math. Soc.，2002（130）：1035 - 1042.

[115] Tu Zhen-Han. Rigidity of proper holomorphic mappings between non-equidimensional bounded symmetric domains [J]. Math. Z.，2002（240）：13 - 35.

[116] Napier T，Ramachandran M. Hyperbolic Kähler manifolds and proper holomorphic map to Riemann surfaces [J]. Geom. Funct. Anal.，2001（11）：382 - 406.

[117] Rothstein W. Zur theorie der analytischen abbildungen im raume zweier komplexer veränderlichen [J]. Diss Univ. Münster，49 - 63.

[118] Rudin W. Function theory on the unit ball of $\mathbb{C}^n$ [M]. Berlin：Springer，1980.

[119] Rudin W. Holomorphic maps that extend to autmorphisms of a ball [J]. Proceedings of the Amer. Math. Soc.，1981(81)：429 - 432.

[120] Pan Y. Proper holomorphic self-mapping of Reinhardt domains [J]. Math. Z.，1991(208)：289 - 295.

[121] Dmitri Z. Domains of polyhedral type and boundary extensions of biholomorphisms [J]. Indiana Univ. Math. J.，1998(47)：1511 - 1526.

后　记

　　首先我要感谢导师陈志华教授！从 2002 年硕士面试开始，陈老师就一直为我的学习和研究指路.四年多来，我对多复变函数从认识到入门再到研究，无不凝结着导师的教诲.陈老师渊博的学识、极高的数学造诣深深地震撼着我；陈老师对数学问题本质的把握一针见血，使我在多复变方向的探索上受到了极大的启发；他以高瞻远瞩的学术眼光对我科研上发现并解决问题给予了很多建设性的意见.更值得一提的是陈老师为人处事的大师风范深深地感染了我.他苍劲有力的书法一如他正直的为人.恩师是我终身学习的楷模.谨此向恩师表达我最衷心的感谢！

　　同时感谢恩师陈伯勇教授！陈老师对数学浓厚的兴趣和孜孜不倦的勤奋精神激励着我向科研高峰不断攀登.我钦佩他深厚的数学功底，淡泊名利、宁静致远的境界.陈老师对我科研和生活上的帮助为我漫长艰辛的求学路增添了许多色彩.借此向陈老师致以我最诚挚的谢意！

　　能遇上这样两位导师，是我一生的荣幸！

　　感谢班主任郑稼华老师三年来对我的关心和照顾！感谢数学系的领导、办公室的老师和其他曾给予我无私帮助的老师们！

　　感谢潘一飞教授和戴绍虞硕士在科研上提供的许多重要的建议和帮助！

感谢我的师姐周朝晖博士、韩静博士、师兄颜启明博士、方涛硕士、研究生师弟刘汉在学习、生活上给予我的帮助和支持!

感谢我的8年好友博士生楼俊钢,珍贵的友情陪伴我度过了求学时光并是我一生前进的动力.感谢好友张瑜博士、博士生吴隋超、沈健、沈春根、薛文娟、董丽、谷玉盈能与我一起分享喜怒哀乐.

感谢父母对我的教育和培养! 正是他们的一言一行塑造了我今日的人格品质.感谢父母对我的默默鼓励和支持! 正是他们的无私造就了我的成绩.

感谢伯父刘永龙从大学到博士期间给予我的支持和鼓励.

博士学业即将圆满完成,最后,对所有关心帮助过我的人再一次表达深深的感激之情,谢谢你们!

刘 洋